LIFE

LIFE

IIJIMA Nami's homemade taste

LIFE

LIFE 家庭味

一般的日子裡也值得慶祝！的料理

料理設計家 飯島奈美 著
攝影 大江弘之

本書使用的調味料和份量

書中沒有特別說明的調味料，讀者可依照以下說明使用。
另外，書中的1大匙為15cc，1小匙為5cc。

鹽——使用乾燥的「烤鹽」。如果要用濕潤的「粗鹽」，份量就要多一些。

砂糖——使用雙目糖（粗粒白糖）。也可以使用日本精緻上白糖或細砂糖。

醬油——使用濃味醬油。

奶油——使用有鹽奶油。

酒——如果是說日本酒和紅白酒等，指的就不是料理用酒，而是嗆味的一般飲用酒。

味醂——使用本味醂。
（譯註：本味醂含酒精成分達13.5%～14.5%，而另一種常見的味醂風味的調味料，酒精成分相當低。）

LIFE 飯島奈美的家庭味

目錄

前頭兩三言

糸井重里

我非常喜愛吃。

享用美食的時光，充滿了豐盛美好，以及難以言喻的幸福感。我想如果無法感受到美食的喜悅，相信也很難打從心底認為「活在這個世界上真好！」

不過，最近我的想法改變了。

與其獨自鑽營滿足自己的口腹之慾，不如和知心好友一同鑑賞、分享、品味，更顯得歡樂。

親手佈置享受美食的環境，可能的話親手烹調美食，滿心期待著親朋好友或是陌生人愉悅的笑臉。比起孤獨一人追求美食滋味，似乎更「美味」吧！

但這裡是藉由看別人進食，來品味自己的精湛手藝，說不定只是自我滿足罷了。若因此被人說是自我主義者，大概也很難否認。不過，事實上大家似乎都是這樣的吧！

看著戀人愉快地一口接一口吃著，但最能享受這道料理的人反而是自己。給孩子添上第二、第三碗飯的你，相信比誰都更能體會食物的美味。

我認為吃東西的樂趣，應該就是這些了吧！

和飯島奈美小姐一起從事「幸福美食」的工作的過程中，我越來越確定自己的想法沒有錯。

吃入口很美味、能吃到很開心、一起在同一個空間裡享用美食很幸福……這些都是因為能在這個世界裡，創造出無憂無慮的美食世界呀！

本書中呈現的飯島小姐的料理，並不會讓你覺得「怎樣？好吃吧？做出這道料理的本大廚很厲害吧？」你只要信任書裡的食譜，照著做一遍，就能明瞭為什麼我們想要出版這樣的一本書。

希望所有翻開這本書的讀者，都能像個孩子般，率真地完全依照食譜烹調料理。不需任何魔法、不靠任何外力，就能在廚房構築出一段幸福時光。

＊首先，不要花心思鑽研其他烹調技巧，完全遵循食譜的步驟來料理。

＊請和自己喜歡的人一起做、一起吃。

訣竅，僅僅這兩個而已。

吃入口很美味、能吃到很開心、一起在同一個空間裡享用美食很幸福。

我想，能擁有這些美妙的經驗，就是人生中最棒的事。

爸爸的拿坡里義大利麵

材料（2人份）

義大利麵

麵條 依個人喜好選擇粗細 1人份80～100克×2
（較寬的麵條煮好後比較像拿坡里義大利麵。照片中使用的是1.9㎜寬的麵條。）

配料

- 青椒 1顆
- 洋蔥 1/4顆
- 蒜頭 1片
- 洋菇罐頭 1罐（小罐）
- 香腸 3～4根

義大利麵醬

- 蕃茄汁 200cc
（選用全熟、甜度高的蕃茄打汁）

調味料

- 橄欖油或沙拉油 1/2大匙
- 奶油 1/2大匙
- 鹽 煮麵水量的1%＋少許調味用
- 胡椒 少許
- 蕃茄醬 3大匙

增香料

- Tabasco辣椒醬
- 起司粉
隨意

製作重點

這道料理的情境設定，是主角在當了爸爸之後，
想讓孩子們也嘗嘗自己所懷念的大學街簡餐店的味道。
為了呈現出這樣的氛圍，
麵煮好之後要先放一會兒，
再加上熱狗和洋菇罐頭。
不過，因為不想光品嘗到蕃茄醬的甜味，
另外加入了燉煮過的全熟蕃茄汁。
當然，蕃茄汁也可以用蔬菜汁代替。
（飯島奈美）

做法

大鍋中倒入大量的水煮開，加入鹽（水1公升加10克，以此類推），放入義大利麵條。按照包裝袋上寫的標準煮麵時間設定計時器。

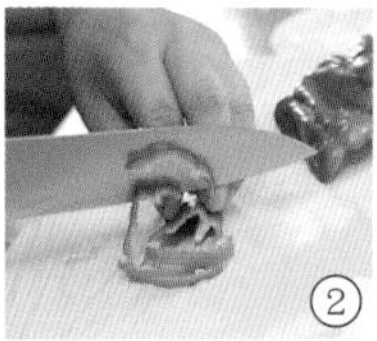

準備所有的配料。青椒切去蒂頭，縱剖成兩半，去籽後切成0.5公分的細絲。

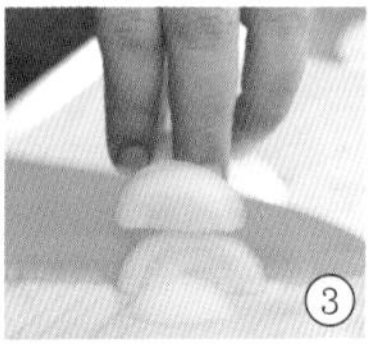

洋蔥切成0.5公分的薄片。

蒜頭切碎。

瀝乾洋菇的水份。

熱狗切斜片。

煮好的麵用篩網瀝乾水份，套入攪拌盆，趁麵還熱時，淋上油（備料之外）攪拌均勻。

將麵放置一旁，開始製作義大利麵醬。
麵條會變硬嗎？
不會，會變得有彈性。
這是烹調的重點！

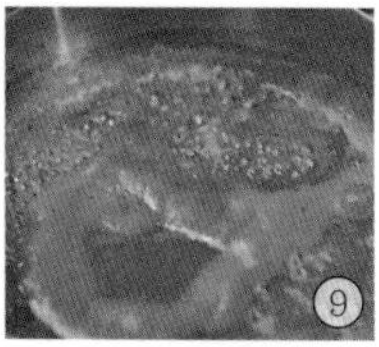

開始製作義大利麵醬。
將蕃茄汁加熱，
待沸騰之後轉成小火燉煮約5分鐘。

平底鍋加入½大匙的油，
放入熱狗以中火煎熟。

續入蒜頭，
爆香之後再倒入洋蔥，
以大火快速翻炒。

洋蔥炒軟之後，
加入洋菇、青椒、鹽和胡椒，
以大火快速翻炒。

將炒好的配料先盛入盤中。

剛才的平底鍋以中火燒熱，
放入奶油使其融化。
加入義大利麵，以大火翻炒攪拌2～3分鐘，
小心不要炒焦。

加入燉煮好的蕃茄汁，
續入蕃茄醬。

加入煮好的配料，再以中火快速翻炒攪拌。

加入鹽和胡椒調味，試吃後如果味道不夠，可再增加奶油、蕃茄醬等調味料的份量。

依個人喜好淋些辣椒醬或起司粉調味，就可以開動囉！

兩人份的早餐

製作重點

這次是以兩人開始共同生活的第一天的早餐為設定。
雖然是「一如往常的早餐」，但不想做得太過普通讓對方失望，
所以想辦法做得更加美味。
抱持著這樣的心情來烹調就對了！
一開始就努力得太過頭，之後反而會不知道該怎麼辦吧！
這道料理的重點，在於火腿蛋煎到一半時邊繞圈邊淋入油，
讓邊緣煎得「酥酥脆脆」。
還有小烤箱記得預熱，吐司要烘烤兩次，
才會外表香酥、中間柔嫩。
（飯島奈美）

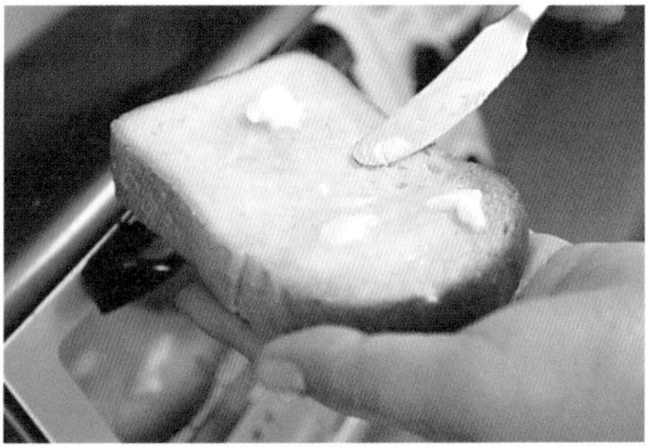

材料（2人份）

奶油吐司

・山型吐司　2片（約110克）
・有鹽奶油　適量

做法

若買的是未切片吐司，依材料份量切好。

小烤箱先預熱。

將吐司底部（平的那邊）朝內放入已預熱的小烤箱。

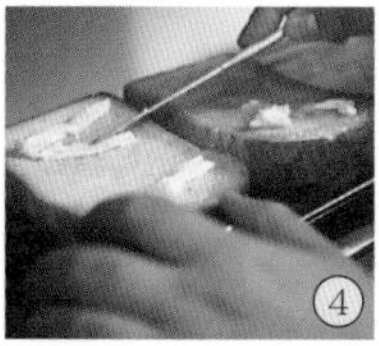

待烤至稍微呈現淺棕色，取出吐司，在單面塗上奶油，再立刻放回小烤箱裡。過程中小烤箱的旋鈕不要歸零。

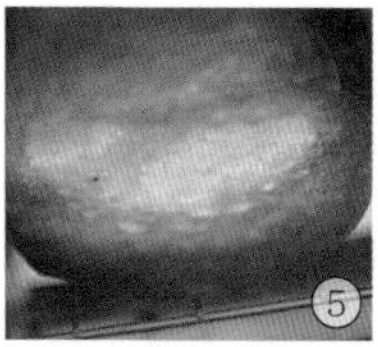

待奶油開始冒泡之後就烤好囉！

火腿蛋

材料（2人份）

- 雞蛋　4顆
- 火腿　2～4片
- 沙拉油
- 鹽
- 黑胡椒

（沙拉油、鹽、黑胡椒）適量

做法

平底鍋先以大火均勻燒熱，然後轉成中火，塗上一層薄薄的沙拉油。

先放入火腿，再打入雞蛋。

待蛋白因加熱由透明變白，沿著平底鍋周圍邊繞圈邊淋入沙拉油，讓火腿蛋的邊緣能煎得酥脆。

火腿蛋邊緣煎至酥脆後，以廚房紙巾吸掉多餘的油份。撒入少許鹽，然後加入30～40cc的水，蓋上鍋蓋。

待蛋黃表面有些變白，煎到自己喜歡的熟度之後，打開鍋蓋，撒上黑胡椒就完成囉！

春天的豆皮壽司

材料（4～5人份）

飯
- 米　480克
- 熬湯用的昆布　適量

調味醋汁的調味料
- 米醋　4 1/2大匙
- 砂糖　2大匙
- 鹽　1小匙
- 鹽漬櫻花　適量
- 醃漬嫩薑　適量

豆皮
- 薄豆皮　10片

豆皮煮汁
- 水　1 1/2杯（約300cc）
- 砂糖　3大匙
- 醬油　3大匙
- 味醂　1大匙

醋水
- 水　1碗
- 醋　少許

製作重點

場景的設定是賞花便當。

考慮到還有別的配菜，所以豆皮壽司的調味沒有太重。

因為是春天的關係，拌飯配料使用了鹽漬櫻花。

不過也可以改用自己喜歡的配料。

像秋天的話，可以用醬油、高湯、砂糖，

把香菇燉煮得甜甜辣辣之後切絲。

冬天用切細的柚子皮拌飯也不錯。

想用接受度高的材料的話，有甜醋薑絲、小魚山椒、佃煮蛤蜊，

還有牛蒡、蓮藕、羊栖菜等。

不過記得，別忘了要切細了再拌飯喔！

（飯島奈美）

做法

首先準備豆皮。
豆皮以使用現成已經炸好、
厚度鬆軟的為佳。

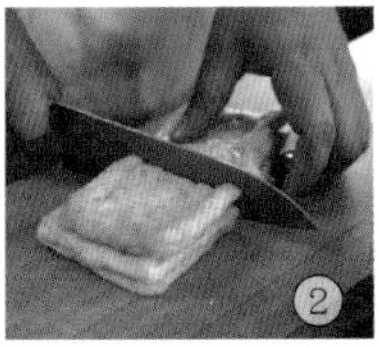

從中間均分切成兩半。

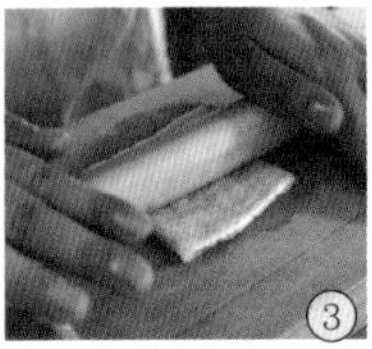

使用擀麵棍從豆皮的袋底，
往開口方向稍微用力擀個幾次。

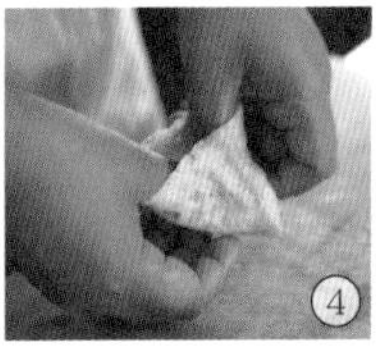

打開中間就會自然變成袋狀。

將豆皮浸泡在大量熱水中去除油份。

放著不管的話豆皮會浮起來，
所以要反覆把豆皮壓進水裡約4～5分鐘，
才能把油份去除。

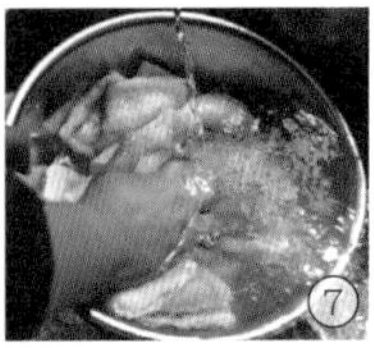

用冷水將全部豆皮都沖洗過。

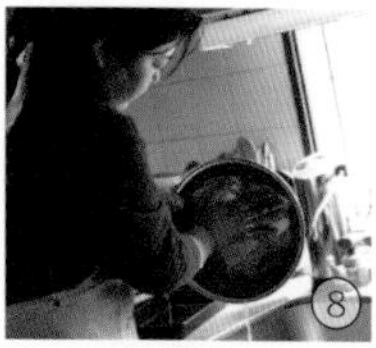

8

用力壓一下，將水份瀝乾。

9

準備調味。
將煮汁的材料放入寬底的湯鍋中開始煮。
砂糖要煮至完全溶解。

10

再次用手將豆皮的水份壓乾，
然後放入鍋中。

11

蓋上內蓋，以小火燉煮約30分鐘，
煮到煮汁慢慢變少。
待快煮乾時熄火，
使豆皮能充分入味。

12

如果使用小鍋來燉，
擔心容易煮焦掉的話，
煮汁中可以多加入50cc的水，
調味料也可增加約$\frac{1}{3}$的份量來熬煮。
煮好再將多餘的醬汁瀝乾後使用。

13

然後開始準備豆皮內的飯料。
將鹽漬櫻花反覆水洗，
洗至可以直接拿來吃不會過鹹的程度，
然後仔細切碎。

14

將醃漬嫩薑切碎。

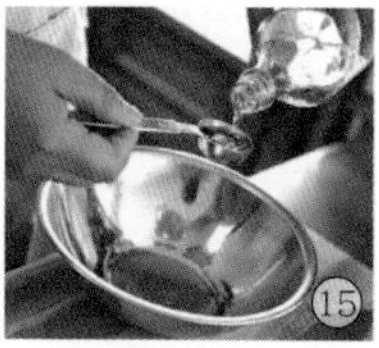

15

製作調味醋汁。
將$4\frac{1}{2}$大匙的米醋
搭配2大匙的砂糖、1小匙的鹽。
因為還會煮別的配菜，
所以調味不需要太重。

飯鍋內放入熬湯用的昆布一起炊煮，
白飯不要煮得太糊，
趁熱倒入拌壽司飯用的圓木桶中。

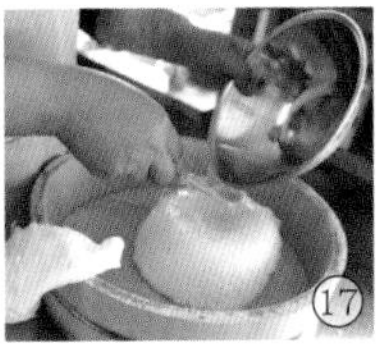

倒入調味醋汁後迅速攪拌。
將調味醋汁順著飯勺慢慢淋下，
使能均勻分布於米飯上。

用飯勺將醋飯切成幾塊，
然後大致撥翻攪拌。

加入鹽漬櫻花和醃漬嫩薑混合均勻。

用扇子將醋飯輕輕搧涼。
黏在圓木桶邊緣的飯粒乾掉之後會變硬，
一定要仔細清除。

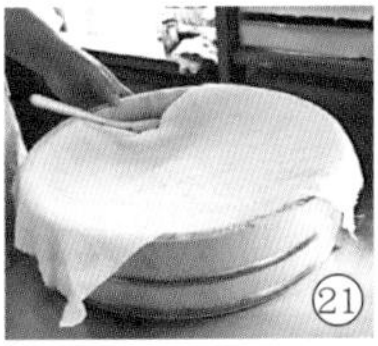

蓋上濕紗布，等待醋飯冷卻。
降到跟體溫差不多的時候，
要趕快包入豆皮中，
不然飯粒很快會變硬，這裡要多加留意！

雙手沾一些醋水，
輕柔地將醋飯捏製成球狀。

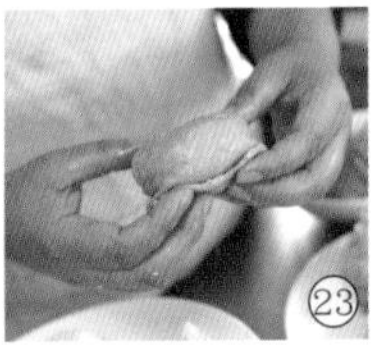

將豆皮輕輕壓乾，
包入已冷卻的醋飯就完成囉！

褒獎孩子的日式炸雞塊

材料（4人份）

雞腿肉——・雞腿肉　2塊（600克）

油——・沙拉油　適量

醃肉用調味料——
・日本酒　1大匙
・鹽　1 3/4小匙
・黑胡椒　隨意
・蒜頭泥　1/2小匙
・薑泥　1/2小匙

麵糊——
・雞蛋　1顆
・醬油　1/2大匙
・太白粉　4～5大匙

配菜——
・檸檬　1/2顆
・生菜　適量

製作重點

這是想要稱讚獎勵孩子的時候，
所端出來的滿滿一大盤日式炸雞塊。
一定要仔細去除雞肉多餘的脂肪和血塊，
讓雞塊不僅熱騰騰的時候好吃，
就算冷了也美味。
不然的話，冷了以後就會變硬、變難吃。
另外，為了要炸得「酥酥脆脆」，
訣竅是將雞皮弄平整，而且必須炸兩次。
當然，拿來帶便當依舊風味不減喔！
（飯島奈美）

做法

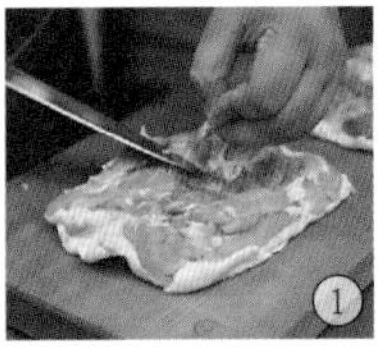

將雞腿肉多餘的脂肪、血塊，仔細剔除乾淨。

雞皮朝下放在砧板上，切一口大小的塊狀，放入攪拌盆中。

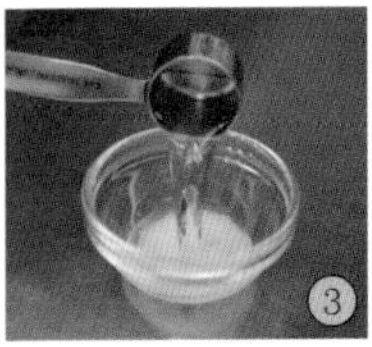

將日本酒加入鹽中，即使沒有完全溶解也不要緊。

倒入雞肉中。

撒入黑胡椒。

加入蒜泥和薑泥。

用手仔細翻攪均勻，置於一旁20～30分鐘。

將雞蛋打散後加入，混合均勻。

加入醬油，再混合均勻。

最後加入太白粉，仔細混合均勻。

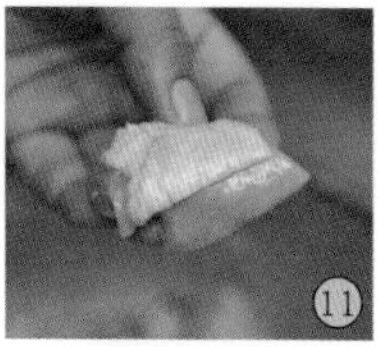

這裡要將雞皮拉平整理好，可使雞塊炸得漂亮。

沙拉油加熱至170℃，先放入一半份量的雞塊下鍋油炸。

在油鍋內炸約3分鐘，待雞塊顏色稍微變深後起鍋，置於一旁約5分鐘。其間再將另一半份量的雞塊下鍋油炸。

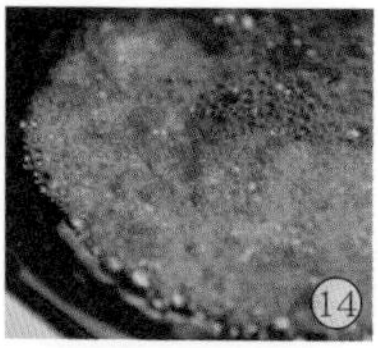

全部的雞塊都炸過一遍之後，將油加熱至180℃，將雞塊分成兩批，分別入油鍋再炸2～3分鐘。

待所有雞塊炸至呈金黃色就完成囉！

媽媽的鬆餅

材料（3片份）

鬆餅麵糊

- 麵粉 120克
- 發粉 1小匙
- 雞蛋 中型1顆
- 砂糖 2～3大匙（愛吃甜的人可加3大匙）
- 牛奶 80cc
- 奶油 15克（融化後為1大匙）
- 煎鬆餅用的沙拉油（鐵氟龍的平底鍋則不需用油）

食用時添加配料

- 楓糖漿（或依個人喜好隨意搭配蜂蜜等）
- 奶油（隨意使用有鹽或無鹽奶油）

製作重點

這次的主題是媽媽使用家中現成的材料，
做出來的簡單美味鬆餅。
為了讓表面煎得細緻，
將鬆餅從鍋中鏟起後，
先不要翻面，同一面放下去再煎一次。
我後來才知道，在一本叫做《小白熊的鬆餅》的繪本中，
有一幕主角也是這樣鏟起鬆餅確認「煎好了沒？」
這簡直就是告訴我們，鬆餅要煎得好吃，訣竅就在這裡呀！
鬆餅鏟起來後，還沒凝固的汁液會流到已經凝固的孔洞中。
表面會更細緻。
（飯島奈美）

做法

麵粉和發粉的份量必須要精確測量。
粉類的材料靠感覺拿捏有些困難，
所以不要任意更動。

將麵粉和發粉先混合，
再以濾網過篩。

粉類結塊的部份，
可用手指輕輕抹開再過篩。

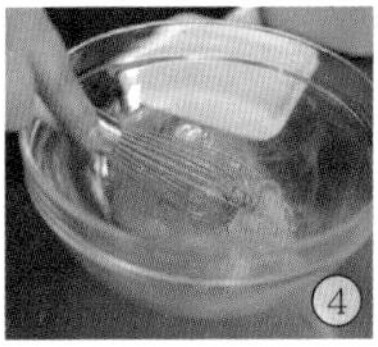

雞蛋在容器中打散。

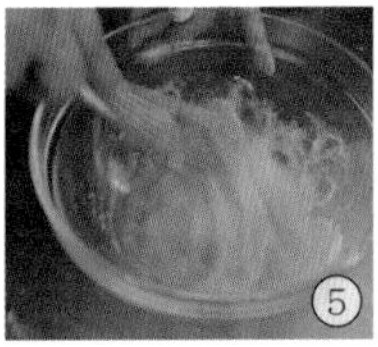

加入砂糖混合均勻。

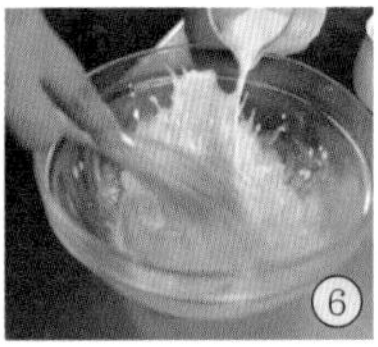

加入牛奶混合均勻。
這裡使用冰牛奶即可。

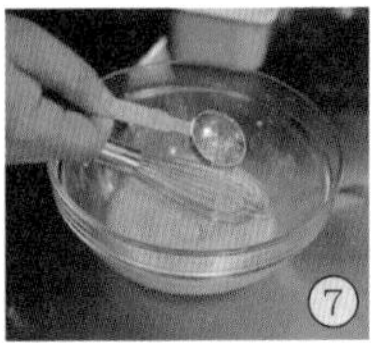

奶油隔水加熱，
融化之後加入上述材料中混合均勻。

8

加入已經過篩的麵粉和發粉，混合均勻攪拌至黏稠。

9

測試麵糊的黏稠度。在滴落瞬間麵糊要能保持原形，然後慢慢往下滴。如果太稠了可以再加一些牛奶稀釋。這樣麵糊就完成囉！

10

平底鍋燒熱，塗上一層薄薄的油，將鍋子放到濕布上降低溫度。以杓子將麵糊舀入平底鍋中。如果使用鐵氟龍鍋的話則不需加油，直接舀入麵糊即可。

11

用比中火稍弱一些的火來煎鬆餅。蓋上鍋蓋，持續煎2～3分鐘。

12

待表面不管是中間或邊緣都產生氣孔，邊緣也有些凝固之後，用鍋鏟將鬆餅整個鏟起，然後再放回鍋中。

13

不蓋鍋蓋，同一面再煎30秒。這樣就能煎出表面紋路細緻的鬆餅。

14

表面不再黏糊時即可翻面。不蓋鍋蓋再煎1分鐘，鬆餅就完成囉！

15

依個人喜好，同樣尺寸的鬆餅煎2～3片，以重疊方式裝盤，放上奶油，倒入楓糖漿即可品嚐。從煎第二片開始，即使用鐵氟龍的平底鍋，也要記得將鍋底溫度降低後再加麵糊操作。

hotcake 與我

谷川俊太郎

我和 hotcake 這種厚鬆餅之間糾結的歷史，大概可以用「幻滅」兩個字來形容。我到現在都還沒吃過完美的 hotcake，不過倒是１９８４年在美國俄亥俄州的黃泉鎮，吃到了近乎完美的美式薄煎餅 pancake。hotcake 和 pancake 這兩種食物，雖然在語義上可以不用特意區別，但對身為日本人的我來說，卻沒辦法無視 pancake 和 hotcake 之間的差異。

兩者間的最大差異，應該就是厚度吧！hotcake 的正確吃法是將兩片餅疊起來，而 pancake 則是每一片都很薄，可以隨興愛疊幾片就疊幾片，堆得厚厚高高的也沒關係。再來是大小，pancake 約1美元銀幣般大小（譯註：直徑約７公分），這種大小的鬆餅其實是違背了日本人的美學意識。還有，pancake 搭配的是打發的奶油，而 hotcake 則是利用餅剛煎好時的餘熱，融化放在上面的奶油塊一起吃才對。

hotcake 常令人難以接受的，我認為大概是 baking powder 的刺鼻味吧！在家裡煎鬆餅時，如果為了煎得鬆軟而加入過多的 baking powder（看不慣英文的話，二次大戰時大家稱這種東西為「發粉」或是小蘇打，就會發生這種情況。另外就是平底鍋溫度的問題，將熱鍋放在濕布上冷卻的技巧，得多加練習、累積經驗才能拿捏得好。不過現在有電磁爐，就算三歲小孩也可以煎出漂亮的淡棕色。

搭配鬆餅不可或缺的楓糖漿也可以拿來討論，不過三言兩語很難說清楚。因為在二次大戰時，無法再從北美東海岸那兒進口糖漿，才開始改用蜂蜜。但對我來說，這根本就是邪魔歪道，搭配果醬之類的做法也不予考慮。

現在才想到，我之所以對鬆餅這麼偏執講究，搞不好是因為小時候受過什麼創傷也說不一定。在超市看到鬆餅粉之類的商品時，心中總會湧起一股複雜的感慨。憶起小時候和母親一起仔細研究出來的鬆餅製作手法，現在似乎已經遠走記憶的那一端，飄渺無影蹤。

那麼，去野餐吧？的三明治

材料（5～6人份）

麵包
- 吐司（三明治用）　24片

麵包抹醬
- 奶油
- 美乃滋
- 芥末醬（或黃芥末醬）

（以上）適量

鮪魚三明治*
- 鮪魚罐頭　1罐（160克）
- 洋蔥　1/4顆
- 美乃滋　1 1/2大匙
- 鹽　少許
- 黑胡椒　少許
- 橄欖油　1/2小匙
- 烏斯特醋　1/2小匙

雞蛋三明治*
- 雞蛋　3顆
- 美乃滋　2小匙
- 鹽　2小撮

火腿起司三明治*
- 火腿　4片
- 起司片　2片

蔬菜三明治*
- 小黃瓜　1條
- 蕃茄　1顆

小黃瓜火腿三明治*
- 火腿　4片
- 小黃瓜　1條

*材料各可做成2份的三明治

製作重點

天氣好的週末。
想做一些三明治帶去附近的河邊或公園，來場小小的野餐。
雖然三明治有各種不同的口味，
但常常會覺得鮪魚三明治和雞蛋三明治吃起來好像沒什麼不同。
這是因為用了太多美乃滋的緣故！
我的食譜想要強調的是食材本身的味道，
所以美乃滋的用量很少。
另外就是水煮蛋的部份，
將室溫下的雞蛋放入沸水中滾12分鐘後，再放入冷水中冷卻，
就能煮出可以漂亮剝殼的水煮蛋了。
請大家試試看喔！
（飯島奈美）

做法

水煮雞蛋。

將雞蛋放入煮沸的水中。

水煮12分鐘後，使用漏杓或小型單柄網杓撈起，

立刻放入冷水中冷卻。

水煮蛋要能漂亮地剝開，訣竅就在這裡。

等到蛋殼變涼就可以開始剝殼。

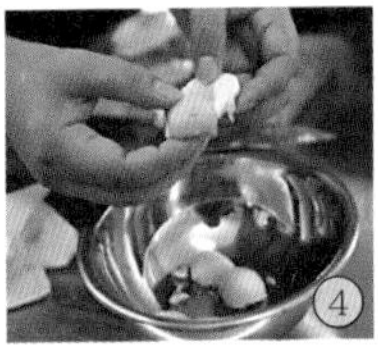

剝殼之後將蛋白和蛋黃分開。

蛋白切成薄片。

蛋黃切得稍微大塊。

將切好的蛋白和蛋黃混合，

加入2小匙的美乃滋。

加入2小撮鹽。
這裡不要加入胡椒，
才能凸顯出雞蛋溫潤的甜味。

大致攪拌混合後，
雞蛋三明治的內餡就完成囉！

接下來製作鮪魚三明治的內餡。
用力將鮪魚的油脂和水份擠乾。

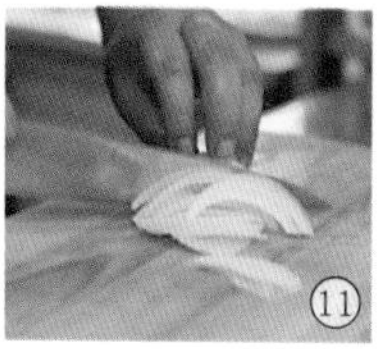

洋蔥切成薄片。

然後再切碎。

加入1小撮鹽混合均勻，
置於一旁5分鐘。

放入紗布中包起。

用力擠乾水份，
然後和擠乾的鮪魚混合。

加入 $1\frac{1}{2}$ 大匙的美乃滋。

大致攪拌後，
加入 $\frac{1}{2}$ 小匙的橄欖油。
這可是增加香氣的小秘訣喔！

加入少許鹽和黑胡椒。

加入 $\frac{1}{2}$ 小匙的烏斯特醋。

大致攪拌成糊狀後，
鮪魚三明治的內餡就完成囉！

蔬菜三明治使用到小黃瓜和蕃茄。
將小黃瓜和蕃茄洗淨後擦乾。

蕃茄橫切成0.5公分厚的圓形片，
置於廚房紙巾上。
可以將多餘水份吸乾。

均匀撒上少許鹽，
上面再蓋一張廚房紙巾，放置一會兒。

24

小黃瓜斜切成約0.3公分的薄片，和蕃茄一樣置於廚房紙巾上。

25

均勻撒上少許鹽調味，並且去除多餘水份。這樣蔬菜就準備完成了。接下來要準備將內餡夾入吐司。

26

首先是火腿起司三明治。取1片吐司，單面塗上放在室溫中已經變軟的奶油。

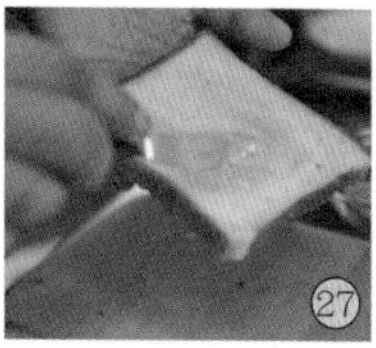

27

另1片吐司塗上奶油和芥末醬。芥末醬帶有辣味，黃芥末醬則是帶有酸味，風味不同，都很好吃，可以多方嘗試。

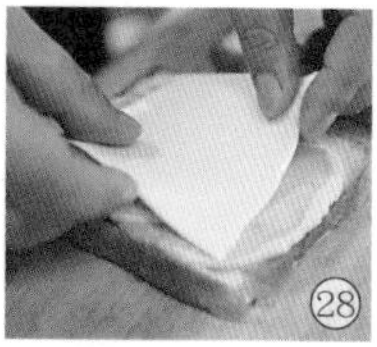

28

放上2片火腿、1片起司。

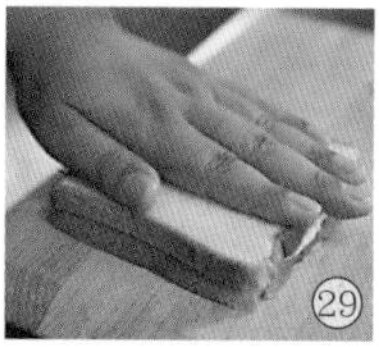

29

蓋上另一片吐司，用手掌輕壓。記得不要太過用力。

30

然後是小黃瓜火腿三明治。這次使用3片吐司。第1片單面塗上奶油，放上火腿2片，再放上塗了奶油和芥末醬的第2片吐司。

31

第2片吐司的另一面塗上奶油，排上小黃瓜。第3片吐司單面塗上美乃滋，撒上胡椒。

用手掌輕壓。
小黃瓜火腿三明治就完成囉！

再來是雞蛋三明治。
用2片塗了奶油的吐司夾入內餡。

鮪魚三明治也是用2片
塗了奶油的吐司夾入內餡。

蕃茄和小黃瓜的蔬菜三明治，
則是使用了3片吐司。
吐司塗上奶油後，排上蕃茄。

再放上塗了奶油的吐司。

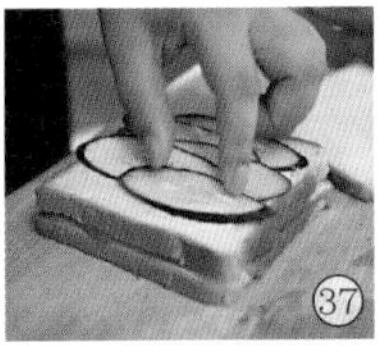

如圖在吐司的上面塗抹奶油，
再放上小黃瓜，
最後用塗了美乃滋和芥末醬的吐司夾起來。

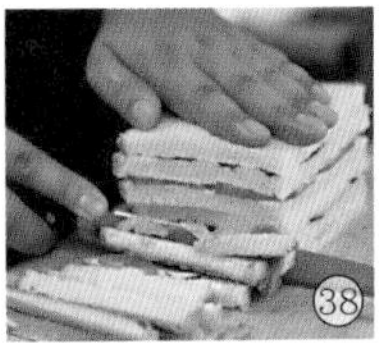

將做好的三明治疊放在一起，
用手輕輕壓住避免滑動，
使用銳利的菜刀將吐司的邊切掉。

再將三明治切成兩半就完成囉！

哥哥加油！的漢堡排

材料（4塊份）

漢堡排

- 牛絞肉（紅肉） 350克
- 豬絞肉（肥肉較多） 150克
- 鹽 1小匙
- 雞蛋 1顆
- 洋蔥 大型1/2顆
- 奶油 1小匙
- 麵粉 2/3小匙
- 生麵包粉 40克（乾燥麵包粉的話約30克）
- 牛奶 2大匙
- 肉荳蔻 少許
- 黑胡椒 少許
- 沙拉油 少許

漢堡排醬

- 白酒（或日本酒） 2大匙
- 洋蔥 大型1/2顆
- 蒜泥 1/2小匙
- 醬油 2大匙
- 蕃茄醬 2大匙
- 味醂 1大匙
- 中濃醋沾醬（譯註：搭配可樂餅、炸薯塊、燴牛肉等料理的沾醬，有市售品。） 1/2大匙
- 水 2大匙
- 奶油 1大匙
- 黑胡椒 少許

馬鈴薯沙拉

- 馬鈴薯　中型3顆
- 洋蔥　1/4顆
- 鯷魚（魚片）　2片
- 小黃瓜　1/2條
- 奶油　1/2大匙
- 鹽　少許
- 美乃滋　2～3大匙（依喜好調整）
- 黑胡椒　少許

奶油玉米

- 玉米　1條
- 奶油　1大匙
- 鹽　少許
- 黑胡椒　少許
- 沙拉油　少許
- 奶油　少許

糖蜜胡蘿蔔

- 胡蘿蔔　1條
- 砂糖　2小匙
- 奶油　1/2大匙
- 鹽　少許

其他

- 西洋菜　適量

製作重點

哥哥參加大考的日子快到了，家教老師每天都會來家裡。
星期天也是一大早就來了。
中午不僅老師和哥哥，連弟弟也一起在家吃午飯。
這道料理的重點，在於瘦的牛絞肉和較肥豬絞肉間比例的拿捏。
在此我提供了材料容易購買、且最為好吃的配方。
另外，洋蔥整個切半，一半混入漢堡肉中，另一半用來調製醬汁。
還有，因為漢堡排煎熟後會縮小，
在捏製時就算懷疑「這樣會不會有點太大？」也沒有關係。
如果想吃和風漢堡排，可以不用調製醬汁，
改沾白蘿蔔泥、醬油和橘醋醬即可。
（飯島奈美）

做法（馬鈴薯沙拉）

將洋蔥切成細條，放入水中泡。

小黃瓜切片後撒入些許鹽，放置一會兒等待軟化。

鯷魚切碎。

馬鈴薯連皮放入水中煮，煮好趁熱用餐巾紙去皮（譯註：餐巾紙包住熱的濕馬鈴薯，表皮放涼之後就可以將馬鈴薯皮輕鬆剝下），然後用木杓壓碎攪拌成泥。沒有時間的話，可以削皮切成4塊，再以水煮後壓成泥。

馬鈴薯趁熱拌入奶油、瀝乾的洋蔥、1小撮鹽、鯷魚，然後混合均勻。

比較不燙之後，再放入瀝乾的小黃瓜。

加入美乃滋和黑胡椒調味就完成囉！

做法（奶油玉米）

將玉米粒剝下。

用奶油和沙拉油快速翻炒，
加入鹽和黑胡椒調味。

做法（糖蜜胡蘿蔔）

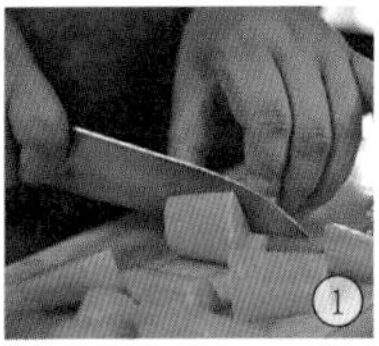

胡蘿蔔削皮切塊，
切成差不多同樣大小的塊狀。

胡蘿蔔煮至竹籤可以穿過的軟硬程度，
鍋裡的水倒出，至剩下約1.5公分高，
加入砂糖、奶油和鹽，
以小火燉煮至湯汁收乾。

做法（漢堡排）

將½顆的洋蔥切碎，
準備待會混入漢堡排用。

剩下的½顆的洋蔥磨成泥，
用在製作醬汁。

將洋蔥碎用奶油炒過，
放涼後和麵粉混合均勻。
加入麵粉可使洋蔥和絞肉能夠完全融合，
以及避免食用時流出太多的肉汁。

麵包粉和牛奶混合均勻。

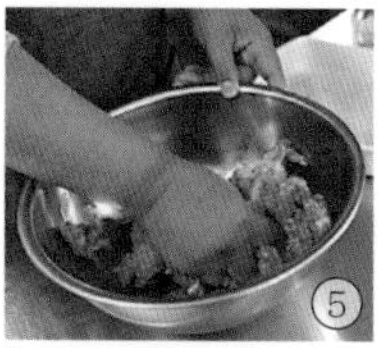

牛絞肉和豬絞肉加入鹽充分揉捏約2分鐘，
續入肉荳蔻、黑胡椒混合均勻。

加入放涼的洋蔥、生雞蛋和麵包粉，
揉捏至滑順無顆粒感。

肉糰揉捏至剁開會牽絲的黏度時，
就可以進入整型的步驟。

雙手抹上沙拉油，
捏製出漢堡排的形狀。
兩手來回拍打肉糰，不時配合擠壓，
將其中的空氣排出。

將漢堡排的厚度調整均勻之後，
在中間壓出淺淺凹槽，
置於廚房紙巾上，放入冰箱冷藏一會兒。

平底鍋燒熱後塗抹沙拉油，
一一放入漢堡排，以中火煎1分半鐘。

翻面後以比中火稍弱的火勢再煎1分鐘。
如果釋出大量的油脂，
可將平底鍋稍傾斜，
用廚房紙巾吸除多餘的油脂。

轉成小火，
蓋上鍋蓋繼續煎5分鐘，然後熄火，
再燜熟約2分鐘。

將漢堡排盛入盤中，繼續用平底鍋調製醬汁。
殘留油脂過多的話，
可用廚房紙巾吸除乾淨，
倒入白酒煮至沸騰。

加入洋蔥泥、蒜泥、醬油、蕃茄醬、
味醂、中濃醋沾醬和水，
燉煮約2分鐘至醬汁濃稠。

續入奶油和黑胡椒調味，
淋在漢堡排上即成。
盛上馬鈴薯沙拉、洗乾淨的生西洋菜、
糖蜜胡蘿蔔等配菜，就可以開動囉！

小小慶祝會的散壽司

材料（8～10人份）

飯

・米　800克
・熬湯用的昆布　5公分正方形2片
・酒（日本酒）　2大匙

和醋飯混合的配料

・胡蘿蔔　中型1條
・蓮藕　1節（15～20公分）
・水煮竹筍　小型1支
・牛蒡　1/2支
・乾瓢　1包（30～40克）
・乾香菇　6朵
・豆皮　2片

鋪在醋飯上的配料

・豌豆莢　約1包或隨意
・車蝦　約10隻或隨意
・蕗菜（款冬）　隨意（這次使用3支）
・鮪魚紅肉　隨意
・魚卵　隨意
・山椒嫩葉　隨意

醋飯用的調味醋汁

・米醋　120cc
・砂糖　5大匙
・鹽　1大匙

濃味煮汁

- 高湯(*) 300cc
- 濃味醬油 1 1/2大匙
- 砂糖 1 1/2大匙
- 酒 1 1/2大匙

淡味煮汁

- 高湯(*) 300cc
- 淡味醬油 1大匙
- 砂糖 1大匙
- 酒 1大匙

浸泡蕗菜的高湯

- 高湯(*) 200cc
- 鹽 1/4小匙

蛋絲

- 雞蛋 4顆
- 鹽 少許
- 砂糖 1大匙
- 太白粉 1/2小匙（用同量的水溶解）
- 沙拉油 適量

*會使用到大量的高湯，所以可預先製作約1.1公升的高湯備用。這裡的高湯是由柴魚片和昆布熬煮而成。另外，乾香菇要用溫水先泡開，煮汁和調味醋汁也事先準備好較方便。

醃漬蓮藕的甜醋

- 米醋 30cc
- 水 70cc
- 砂糖 1大匙
- 鹽 1/2小匙

車蝦的煮汁

- 高湯(*) 250cc
- 淡味醬油 1大匙
- 味醂 1大匙
- 酒 1大匙

醃漬鮪魚的醬汁

- 濃味醬油、味醂 同量
- 芝麻粉 適量

製作重點

加薪、成績進步、比賽得到第一名。
這道料理充滿了家族慶祝的喜悅氣氛。
本來散壽司的配料應該要依照食材的味道分開煮食，
但這樣實在很費工夫，所以分成淺色和深色兩批就可以。
……如果還是覺得太麻煩，全部一起煮其實也沒關係。
另外，雞蛋也可以煎成厚厚的蛋卷然後切成骰子小丁。
還有，食譜中所提到的食材，就算沒有準備齊全也不要緊。
依照個人的喜好隨意搭配吧！
（飯島奈美）

做法

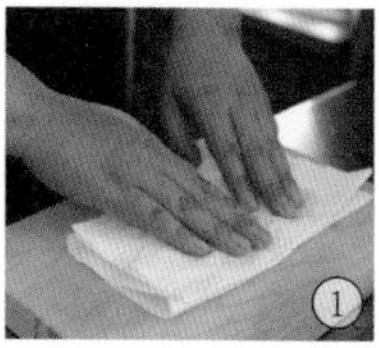

用廚房紙巾吸取豆皮的油份。
因為份量不多，豆皮不需汆燙。

先直切三等份後，
再切成細絲。

米浸泡約30分鐘，
夏天的話可以稍微縮短，
冬天則稍微延長。

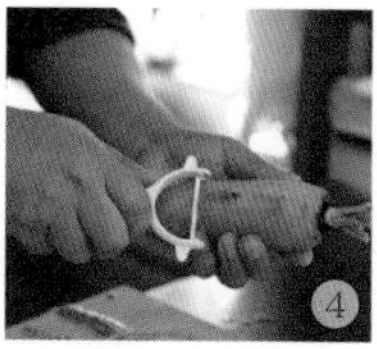

用刨刀或菜刀削除胡蘿蔔外皮，
然後切成扇形。

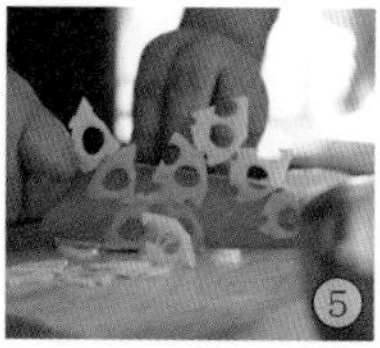

蓮藕用菜刀削皮後，
一半切成半圓形當作甜醋醃漬用，
另一半切成扇形當作煮汁燉煮用，
切好後先分別用醋水漂過。醋水是用約半小碗的
水對上1大匙米醋（備料之外）調製而成。

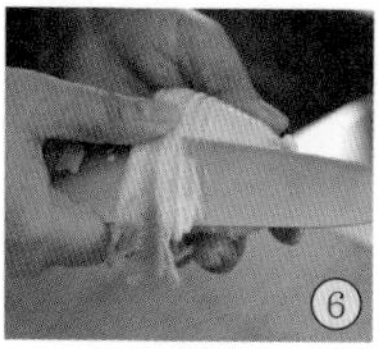

水煮竹筍切除過硬的部份，
切成扇形。

牛蒡刨成細絲用水漂過。

乾瓢用水清洗，
撒些許鹽搓揉過後再次洗淨，
放入滾水煮約5分鐘。

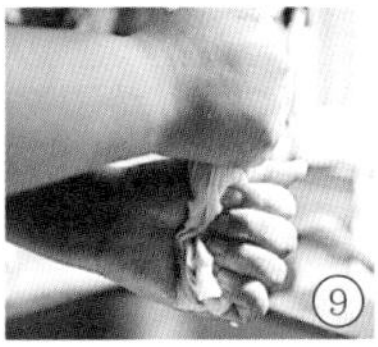

煮軟後洗淨，擠出水份。

切碎才容易入口。

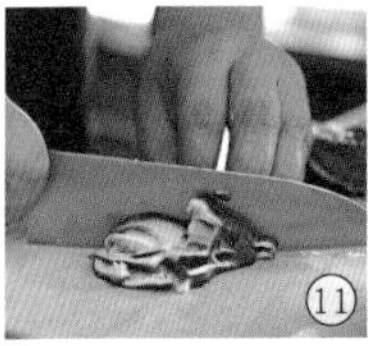

泡開的香菇去除蒂頭，
切成兩半後切絲。

白米吸水變白後，
用漏盆濾除水份，置於一旁約20分鐘。

放入飯鍋，加入2大匙的酒、
2片熬湯用的昆布，
以電子鍋「壽司飯」或「稍硬」模式炊煮。

蕗菜切成可放入鍋內的長度，
然後撒鹽。

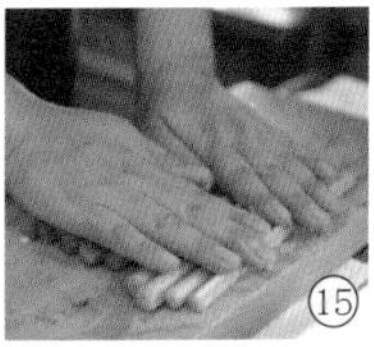

在砧板上滾一滾，
這樣之後較容易去除老莖。

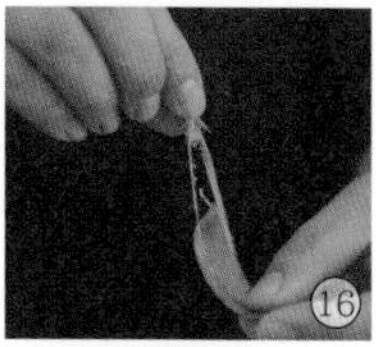

折斷豌豆莢的蒂頭，撕除側莖。

放入滾水中汆燙後立刻撈起。（水份沒有完全瀝乾也沒關係。）

將蕗菜放入同一鍋滾水煮約5分鐘。

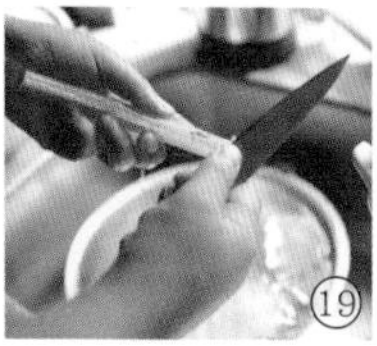

撈出瀝乾放涼後，去除老莖。

斜切後放入浸泡用的高湯中。

將用作甜醋醃漬的蓮藕，放入加了米醋（備料之外）的滾水中煮約2分鐘。

用漏杓舀起放涼。

將醋、水、砂糖和鹽等甜醋材料混合，放入蓮藕。

香菇乾瓢和豆皮
放入事先調好的濃味煮汁中，
蓋上內蓋燉煮，
待煮汁快燒乾時熄火。

牛蒡與另一半蓮藕、
竹筍和胡蘿蔔則放入淡味煮汁中，
蓋上內蓋燉煮，
一樣等到煮汁快燒乾時熄火。

去除車蝦的蝦頭和腸泥。

放入車蝦的煮汁中燉煮，
待蝦子的顏色變了就熄火。
留在鍋中放涼後，
剝去蝦殼但留下蝦尾。

混合蛋絲的材料。

平底鍋用大火燒熱，然後轉成中火，
塗上一層薄薄的沙拉油，加入蛋液，
轉成小火煎烤。
蛋液倒入可以煎成一大張薄蛋皮的份量。

待蛋液表面凝固，
而且蛋液不會流動之後……。

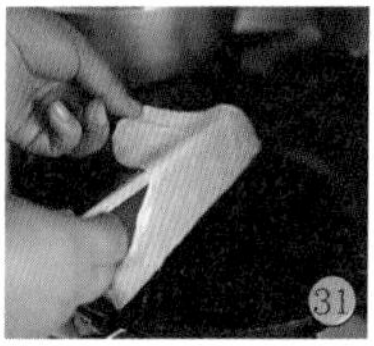

熄火，然後用筷子撐著，
輕輕翻面。
（大概可以煎9張的蛋皮。）

32

煎好的蛋皮放在砧板上，
對折再對折，
然後滾成圓柱狀。

33

切成細絲。

34

將煮好的飯
倒入拌壽司飯的圓木桶中。
沿著飯鍋的邊緣用飯勺鏟上一圈再倒扣，
就可輕鬆將整鍋飯倒出來。

35

將調味醋汁順著飯勺慢慢淋下，
均勻分布在白飯上，
接著迅速攪拌。

36

將兩鍋的配料全都倒入，
再次攪拌均勻。
飯要趁熱才拌得勻。

37

全部拌好之後，一邊不時上下翻攪，
一邊用扇子將壽司飯搧涼。

38

製作醃漬鮪魚。
將鮪魚紅肉和醬汁混合，大概攪拌即可。

39

將壽司飯裝到大盤子上，
再鋪上蛋絲、蕗菜、鮪魚、車蝦、
魚卵、蓮藕、豌豆莢和山椒嫩葉就完成囉！

在家約會的義大利肉醬麵

材料（4人份）

義大利麵

- 麵條　依個人喜好選擇粗細　1人份80～100克×人數
- 鹽　煮麵水量的1％

義大利麵醬

- 牛絞肉　300克
- 蒜頭　1片
- 洋蔥　1/2顆
- 胡蘿蔔　1/2條
- 西洋芹　1/2支
- 橄欖油　3大匙
- 整顆蕃茄罐頭　1罐
- 蕃茄汁　200cc
- 紅酒　50cc
- 鹽　1 1/2小匙
- 月桂葉　1片
- 黑胡椒　少許

增香料

- 起司粉　隨意

製作重點

倒追男人……是不是聽起來感覺很不好？
不過，如果是這道料理的話，「我沒事就會煮，要不要來吃吃看？」
應該可以說得出口吧！
當然，我所提供的食譜，不用擔心，
就算是第一次下廚也能夠煮得很好吃。
說不定對方有可能會說：「再來一盤！」
所以食譜中肉醬的份量是四人份。
烹調這道料理最要緊的，是在一開始炒絞肉時不要攪得太散！
炒的時候絞肉要有點結塊，
直到散發出些許焦味，
然後用廚房紙巾把炒出來的油脂吸乾。
如果一開始就把絞肉炒散了，
油脂會和鮮味混在一起，這裡要千萬小心。
（飯島奈美）

做法

蒜頭切碎。

洋蔥、胡蘿蔔和西洋芹也切碎。

平底鍋燒熱，加入1½大匙的橄欖油，續入蒜頭，以小火翻炒。

待蒜頭炒至淺棕色後，加入洋蔥、胡蘿蔔和西洋芹，然後以小火仔細翻炒約10分鐘。

另一深鍋燒熱，加入1½大匙的橄欖油，倒入絞肉翻炒。一開始先不要炒散，以大火加熱到絞肉微微變色出油，用廚房紙巾吸掉油脂後，再將絞肉炒散。

加入紅酒。

加入炒好的蔬菜。

加入整顆蕃茄罐頭，用力壓碎。

倒入蕃茄汁。

加入月桂葉，再加入1小匙的鹽，以小火燉煮30分鐘。

煮好之後試吃看看，再以剩下的鹽和胡椒調味。

大鍋水燒開，加入鹽（水1公升加10克），放入義大利麵條。

計時器的設定，比包裝說明的標準煮食時間少1分鐘。

將剛才煮好的肉醬放入平底鍋中加熱。2人份的義大利麵，可搭配1½杯的肉醬。

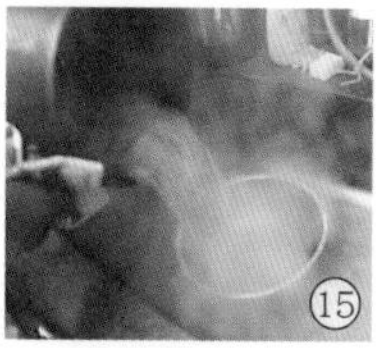

待計時器一響，將義大利麵用篩網瀝乾水份。記得另留一些煮麵水。

將義大利麵加入平底鍋，和肉醬混合。

加入一點煮麵水。

以大火用力翻炒，
讓麵和肉醬完全融合在一起。
試吃看看，如果太淡就再加點鹽。
可加入少許橄欖油增添香氣和濃郁風味。

將義大利麵盛盤。

上面再淋上平底鍋裡剩下的肉醬。

隨個人喜好撒上起司粉，可以開動囉！

休假日的爸爸咖哩

材料（4人份）

配料

・豬肩里肌　一整塊（約500克），用線綁起來的叉燒肉也可以。
・洋蔥　2顆
・胡蘿蔔　1條
・西洋芹　1支

咖哩醬和調味料

・咖哩塊　不同辣度或不同廠牌的咖哩塊2種，合計約120克
・蕃茄汁　200 cc
・水　800 cc＋200 cc
・蒜頭　2～3片
・薑泥　1大匙
・奶油　1小匙
・醬油　1小匙
・蜂蜜　$\frac{1}{2}$大匙
・月桂葉　2片
・沙拉油　$\frac{1}{2}$大匙
・白酒（或酒）　50 cc

飯

・煮好的飯　適量

其他

・綁肉棉線（綁豬肩里肌用）

製作重點

好想吃加了大塊大塊肉的咖哩呀！
一直這麼希望的爸爸，趁著休假的時候，
不計食材的花費與烹調時間，燉煮出這道咖哩。
如果是媽媽來煮，一定會優先考慮省錢和快速，
將肉切得薄薄小小，吃得一點都不過癮。
這道料理的烹調重點，在於肉要先整塊下去煮，
起鍋之後切塊，再放進咖哩醬汁中攪拌。
還有，炒洋蔥時如果加入蜂蜜一起炒，
很快就能炒出「焦糖色的洋蔥」。
咖哩塊可以選擇任兩種自己喜歡的混合使用。
（飯島奈美）

做法

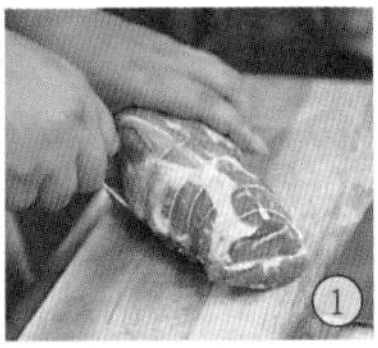

用綁肉棉線將豬肩里肌綁起來，
這樣可以預防變形，
以及脂肪化掉後旁邊的肉散開。

燉鍋燒熱，加入1 1/2大匙的油，
續入1顆份量的洋蔥絲翻炒。

待洋蔥都裹上一層油，加入蜂蜜，
以小火炒7～8分鐘至表面呈棕色。

平底鍋燒熱，加入些許油，
放入豬肩里肌煎至外表上色。

別忘了上下兩端也要煎至上色。

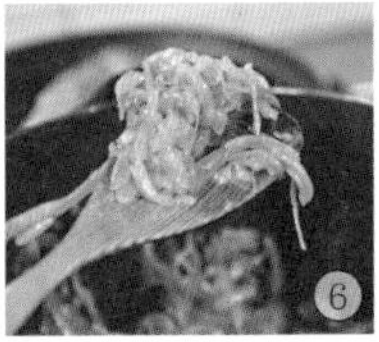

看看燉鍋的狀況。
待洋蔥也變成棕色之後……。

就立刻加入切片的西洋芹拌炒。
（菜葉先留下不要丟掉）

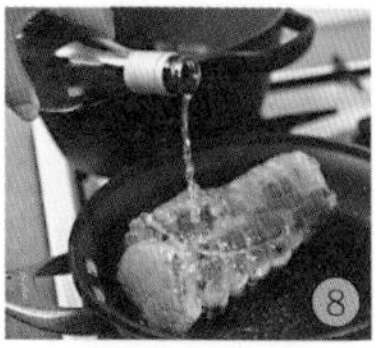

接著注意平底鍋這邊。
倒入白酒，溶出黏在平底鍋裡的豬肉鮮味。

將肉汁和肉塊一起倒入燉鍋。

加入800 cc的水開始燉煮。
此時測量一下水的高度，用目測也可以。
最簡單的方法就是垂直放入竹籤至鍋底，
看水漬的高度即可。

加入蕃茄汁，然後再加入200 cc的水。
豬肩里肌肉要煮到軟十分耗時，
所以必須先補充會蒸發掉的水量。

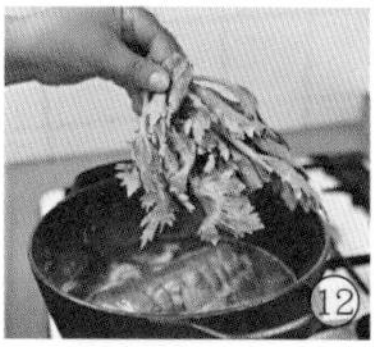

加入月桂葉和西洋芹葉。
因只是增添香味，
可直接放入不用切碎。

蓋上鍋蓋，
以小火燉煮90分鐘入味。

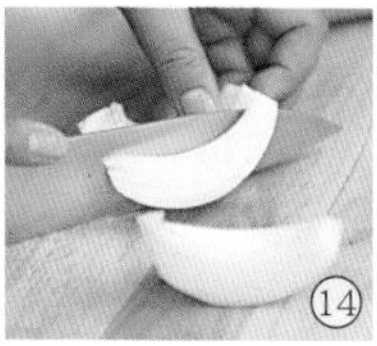

其間可以準備搭配的蔬菜。
因已經在燉煮中的蔬菜到時會煮到幾乎融化，
為了增添品嘗時的口感，
必須放入大塊的蔬菜。
首先是洋蔥，縱切兩半後切成厚片。

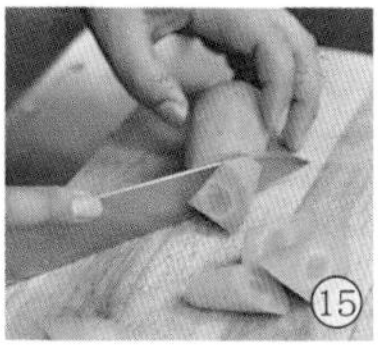

胡蘿蔔切滾刀塊。

掀起鍋蓋確認水深。
如果有蒸發，比一開始的水量要少的話，
可加水再繼續燉煮。

切碎的蒜頭用1大匙的油爆香。

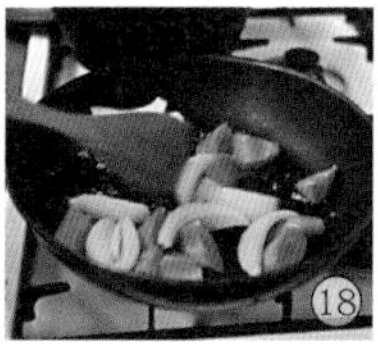

待香味散出，蒜頭也炒成淺棕色後，
放入洋蔥和胡蘿蔔翻炒。

先夾出燉鍋中的西洋芹葉，
月桂葉繼續放著燉煮，
待食用時再取出。

將炒好的蔬菜放入燉鍋。

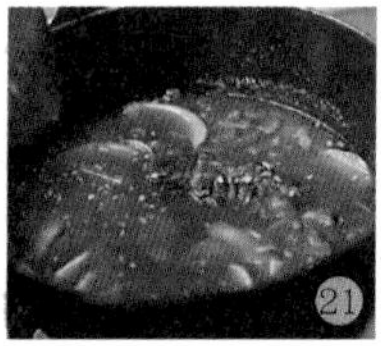

以小火再燉煮10～15分鐘。

利用空檔磨薑泥。
磨泥板上可以放一張鋁箔紙，
方便取用磨好的薑泥。

將兩種咖哩塊放入大碗裡，壓碎混合。

熄火，將肉取出。

倒入燉煮的蔬菜肉湯來融化咖哩塊。

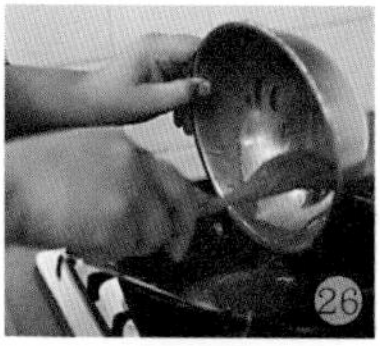

將融好的咖哩醬汁倒入燉鍋中，攪拌均勻。

豬肩里肌切塊，
依個人喜好切成適當大小的厚度。
因為已經燉煮得相當柔軟了，
也可以切得稍微厚一點。

將肉放回燉鍋裡輕輕攪拌，
一邊以小火繼續燉煮，
可避免肉散掉。

最後的步驟是加入薑泥。

加入奶油。

加入醬油調味就完成囉！
淋到白飯上立刻可以大快朵頤。

咖哩飯與我

吉本芭娜娜

我以前住的地方附近有一家印度咖哩專賣店。看起來明明是普通的餐廳，不知為何卻採行會員制。有一天，一個和老闆相熟的朋友帶我來到這家店。

不管是印度烤餅還是咖哩，統統都入口即化，好吃極了。不管是哪種咖哩都是做法繁複、絕不馬虎的味道。看著吃到美食而露出滿足表情的我，身材壯碩的老闆感到十分開心。

我問老闆：「為什麼要用會員制呢？」

老闆靦腆地回答：「因為陌生人進到店裡會讓我緊張，這樣就煮不出好吃的咖哩了。不過只要來過一次，之後就不會有問題了。」原來只不過是因為怕生的緣故呀！

有一次老闆生病時我送了花給他。過沒幾天，我收到了好幾個大小不同的保鮮盒，裡面裝了好幾種不同的咖哩，只是弄得不太美觀。除此之外，因為這些咖哩再加熱以及冷凍後解凍的方式都不相同，還附上了好幾張詳細說明。

在店裡吃到的剛出爐的印度烤餅縱然美味，但是這幾張說明更洋溢著希望對方能吃到美味咖哩的心意。看著上面粗獷的字跡，彷彿老闆人就在身邊一樣。但，這卻是我最後一次吃到老闆的咖哩。

老闆在回店裡的途中被車子撞了，車主還肇事逃逸，加上送到醫院後又發生醫療疏失，因而過世。

「下次要在院子裡架個印度烤爐，花個一天就可以了，很簡單！這樣想烤什麼就可以烤什麼了。」明明才笑容滿面地這麼說過而已。

即使努力回想咖哩的滋味，記憶還是越來越模糊。這真是令人難過。其實我很想將這個味道鮮活地印在腦海的呀！

後來我搬了家，這次附近又開了一家很講究的印度咖哩專賣店。之後我成了常客。

原本相當嚴肅的老闆慢慢地卸下心防，開始可以聊上幾句話了。他常常前往印度採購香料、試吃好吃的餐廳，研究新口味。每次從印度回來之後，店裡的咖哩就會再度進化升級。這也是附近鄰居津津樂道的話題。

有一天，當我在店裡吃咖哩時，聽到了美妙的音樂。

「大家一起去度暑假吧！一切都沒有問題，不需要擔心，不管是我還是你。陽光耀眼，海水蔚藍，就像在電影裡看到的一樣。現在我們就要親眼去看看，不管是我還是你，一起去實現夢想吧！」

歌詞大概是這樣。

「這是哪首歌啊？」我問道。

「克里夫李察的《夏日假期》吧？這首歌滿有名的，有許多人翻唱過。」老闆回答。

「我吃飽了。你接下來又要去印度了嗎？」我說。

「是啊，想到就很興奮。」老闆回答。

「等你回來店裡的咖哩又變得更好吃了，真是讓人期待！」我說。

這是我最後一次和他對話。

暑假去印度回來之後不久，他就發生車禍過世了。

我又再次搬了家，原本居住的那附近也很少經過了。

不過，某家我所相熟、開在之前住家附近的咖哩專賣店，也很巧地搬到我現在住的地方。那兒的咖哩是老闆娘親手製作，賣的是印度咖哩所以口味偏辣，但卻又和「日式咖哩飯」味道十分相近，吃再多也不會膩。能夠搬到附近來實在令人開心。

我和老公、孩子、朋友，大家常常一起到這家店用餐，細細品嘗美味咖哩的幸福感。明明就是平凡的咖哩，但非得老闆娘才煮得出來。如果讓助手來煮，味道就是差了那麼一點。

有一天，我從老闆娘住家旁邊經過，發現好像有什麼東西掉下來。結果是死掉的雛鳥，而且還是三隻。我心裡想著，是鳥巢被大鳥攻擊了嗎？然後雙手合十繼續向前走過去。

其實不是，是老闆娘家發生火災，被濃煙嗆死掉下來。

消防車很快就來了，這中間也發生了很多事情，有難過辛苦的一面，也有光輝可愛的一面。老闆娘人沒事，雖然一切付之一炬墜入絕望谷底，但餐廳還是努力撐了下來。

太好了，第三個老闆沒死。一定是因為販賣的不是純正的印度咖哩，而是搭配白飯的「日式咖哩飯」的關係。沒錯，就是這樣，我在心裡這麼想。咖哩大神啊謝謝你，規定的條件這麼嚴格真是太好了。

這麼觸楣頭的話我實在說不出口，所以直到今天都還是裝做沒事的樣子到那兒去吃咖哩。即使因季節變化加入不同口味的蔬菜，絲毫無損咖哩的風味，這是世界上只有老闆娘才煮得出的咖哩。老闆娘微笑著將咖哩端上桌。

如果那時老闆娘因火災被燒死了……想到這點，眼淚就會忍不住流下來。

但只要想著「不要緊，下禮拜來還是可以吃到」，陰暗的心情又會開朗起來。

我想我是怕到了，這輩子恐怕都不想再踏進任何一家由講究料理的老闆所開的印度咖哩專賣店吧！

印度人一定會說這是我的業。

不知想過多少次，這不是我的關係，絕對不是。但有時還是禁不住覺得：因為老闆娘不是男的，因為煮的不是純正講究的印度咖哩，真是好險啊！日式咖哩飯萬歲！趕快把印度咖哩忘光光吧！

不過，印度人也可能會說：「不是喔，老闆娘會活著，是因為你的業已經消除了。」總之，這個謎團一輩子都解不開吧！

刻劃在我記憶中的各種滋味，都是賭上了性命所得來的。

我所吃下的，已經超越了「人類如果不把活著的生物殺死吃掉，自己就活不下去」的層次，而真的是生命。在我的內心深處一直認為，無論如何都必須盡力將這些食物的美好再傳達給每個人。

家庭味布丁

材料（4～5個）

120cc的布丁杯5個、150cc的布丁杯4個。

布丁

・全蛋　大型2顆
・蛋黃　大型4顆
・牛奶　460cc
・砂糖　90克
・香草棒　2/3支
・奶油　少許

焦糖醬

・砂糖　2大匙
・水　4大匙

製作重點

這是一道飄散著香草味，沒有多餘裝飾的蒸布丁。
製作甜點時，除了份量之外，溫度的控制也是很重要的一環。
隨著使用的鍋子（蒸器）、布丁容器的不同，會產生些微的差異。
如果布丁表面出現孔洞，
可以試試在蒸器的網子上放一層紗布，
或者用厚一點的鍋子、鍋蓋留點小細縫不要蓋太緊。
依布丁杯的大小和厚度調整蒸煮時間，
並留意將「小火」調成「極小火」等細節，
就能創造出專屬於自己的獨門食譜。
焦糖也是，一開始可能覺得很難煮。
過程中如果焦糖結得太硬，
最後多加入一些水來煮即可。
（飯島奈美）

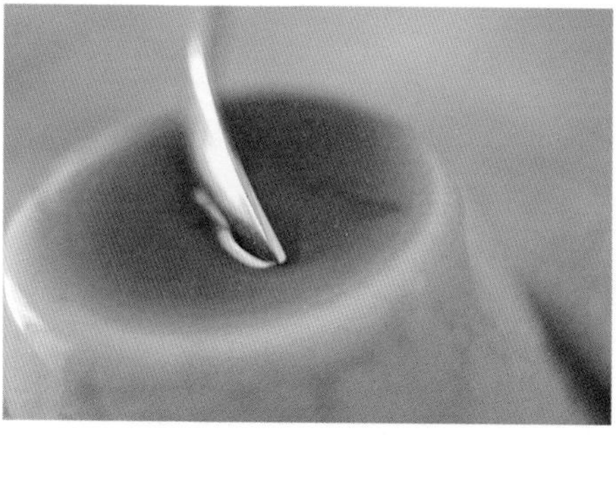

做法

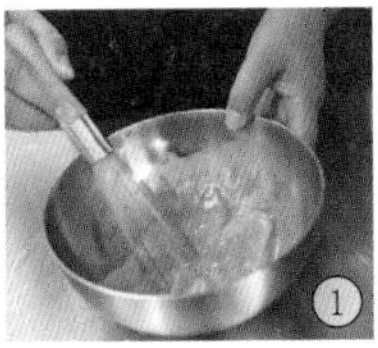

雞蛋打入攪拌盆中均勻打散。

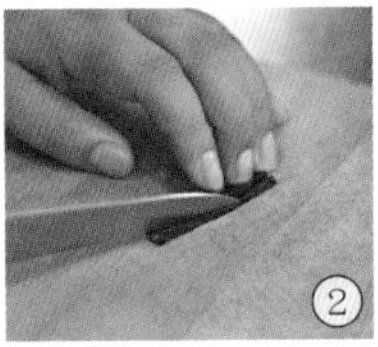

香草棒縱切開來。

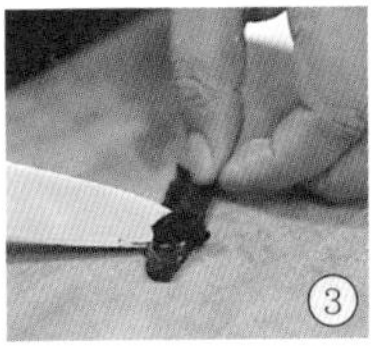

刮下裡面的香草籽。

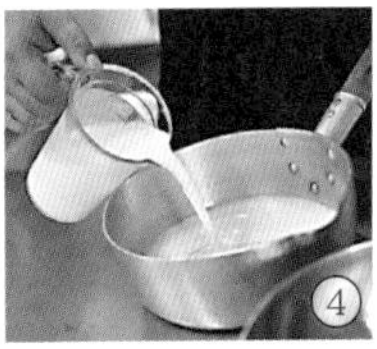

將足量的牛奶倒入鍋中。

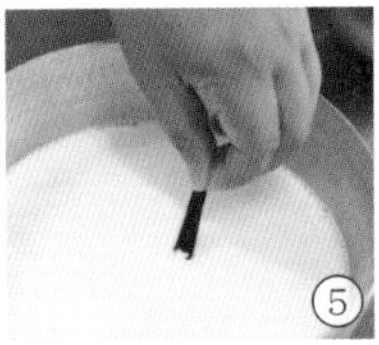

放入香草的豆莢和香草籽。

開中火，一邊攪拌，一邊加熱至50℃，然後熄火。

放入砂糖，攪拌至溶解。

將牛奶一點一點加入打散的蛋液中攪拌混合。

這裡要仔細確認混合均勻。

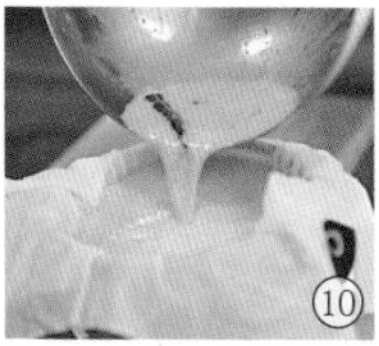

用細目篩網或濕紗布過濾。

如果使用紗布的話，
濾完可將紗布吸收的布丁液擰出。

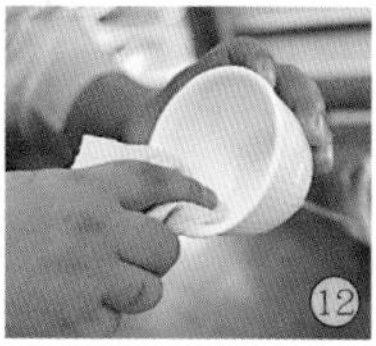

布丁杯塗上一層薄薄的奶油。

將布丁液倒入杯中，
要慢慢倒入以免起泡。

如果表面出現一些小泡沫，
可用湯匙小心地撈出。

放入已經冒出蒸氣（滾了）的蒸籠中。蒸籠的蓋子
須用擰乾的濕紗布包住，可避免水蒸氣
滴進布丁裡。開始蒸煮的第1分鐘使用大火，
之後轉成小火蒸約15～17分鐘。
蒸好之後取出放涼，放入冰箱冷藏。

製作焦糖醬。
將砂糖和２大匙的水，
加入小鍋子或平底鍋中。

以中火煮沸。

液體會慢慢變成棕色。

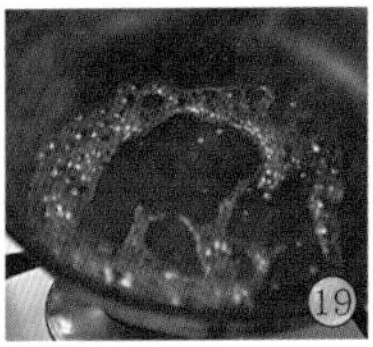

變成像這樣的深棕色後，
鍋子離火。

加入２大匙的水之後，
平底鍋稍微傾斜讓醬汁混合，
這裡要小心醬汁不要濺出來。剛煮好的焦糖醬
溫度較高，為免燙傷可不必試吃。
待冷卻之後，焦糖醬就完成囉！

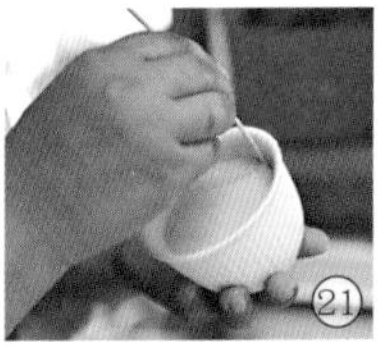

欲食用時再將布丁從布丁杯裡倒出來。
用竹籤從杯子邊緣插進去讓空氣進入，
就可以漂亮地取出布丁。

淋上焦糖醬就大功告成了。
布丁即使沒有淋焦糖醬，
光是雞蛋和牛奶的柔和風味就很美味。
建議大家將布丁和焦糖醬分開來吃，
味道也很棒喔！

《海鷗食堂》的薑燒豬肉

材料（2人份）

肉——・豬肩里肌（肉片）250克

醬汁——・醬油 1 1/2大匙
・味醂 1 1/2大匙
・酒 1大匙
・砂糖 1～1 1/2小匙
・薑泥 1/2大匙

油——・沙拉油 適量

配料——・高麗菜 隨意
・美乃滋 隨意

製作重點

這是在我的電影處女作《海鷗食堂》中出現的一道料理。
是一道在日本家庭中非常常見的配菜。
製作的重點在於肉不需事先醃過，
直接用燒熱的平底鍋炒出香味。
別忘了，用廚房紙巾將炒肉滲出來的多餘油脂，
好好地吸乾。
也許你會懷疑，吸掉油脂會不會連肉鮮味都不見了？
絕沒有這回事。
鮮味仍舊會保留在肉片中，而且吸掉多餘油脂，
醬汁才更容易進到肉裡。
因為肉沒有醃過，
所以更能凸顯食材本來的味道。
（飯島奈美）

做法

將酒、醬油、味醂和砂糖混合拌匀，調製成調味料。

薑磨成泥。

平底鍋燒熱，加入油，放入豬肉片煎。豬肉不用事先醃漬。

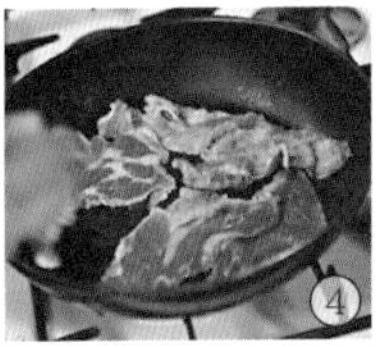

煎到肉的表面呈現金黃色。

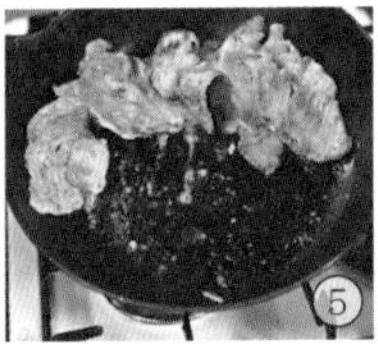

肉會滲出油脂，傾斜平底鍋讓油脂集中。

用廚房紙巾吸掉這些油脂。

待兩面都煎熟後，加入調味料。

加入薑泥。

等到肉片稍微入味之後再盛盤。

剩餘的肉汁再煮一下，隨意淋到肉片上，依個人喜好搭配高麗菜和美乃滋，就完成囉！

朋友來訪時的蛋包飯

材料（2人份）

煎蛋

- 雞蛋 3顆
- 牛奶 2大匙

雞肉炒飯

- 煮得較硬的飯 300克（約2碗）
- 雞胸肉 80克
- 洋蔥 1/4顆
- 胡蘿蔔 1/4條
- 洋菇 4朵
- 青椒 1顆

調味料

- 蕃茄泥 50 cc
- 蕃茄醬 50 cc
- 蒜泥 1/4 小匙
- 烏斯特醋 1小匙
- 鹽 適量
- 白胡椒 適量
- 奶油 適量
- 沙拉油 1/2大匙

製作重點

做菜的女孩是單身一人外宿的學生。
放假的時候想邀請同學一起吃頓飯，
第一次挑戰蛋包飯。
雖然練習了很多次，但要讓蛋皮完全包覆雞肉炒飯，
這麼難的技巧似乎只有專業廚師才做得到。
只要在盛盤時看起來漂亮就可以了，
所以我介紹的是簡單的做法。
另還有一個訣竅，就是醬汁以現磨的蕃茄和蕃茄醬混合使用。
這樣不僅看起來濕潤漂亮，而且又新鮮美味。
（飯島奈美）

做法

蕃茄連皮磨泥。

加入等量的蕃茄醬。

倒入鍋中煮沸之後熄火，置於一旁放涼。醬汁就完成了。

胡蘿蔔、洋蔥和青椒切碎，雞肉和洋菇切成易入口的小塊。

平底鍋以大火燒熱，轉成中火，加入各 1/2 大匙的奶油、沙拉油。

翻炒雞肉。

待雞肉表面變白，加入洋蔥、胡蘿蔔和洋菇繼續翻炒。

加入2小撮鹽。

依個人喜好撒上白胡椒。

整鍋都炒熟之後，
放入青椒，均勻混合之後熄火。

加入3大匙步驟③的醬汁。
（剩下的醬汁要淋在蛋包飯上，
所以不要全部用掉。）

加入蒜泥。

加入烏斯特醋後攪拌均勻。

加入白飯。

用大火迅速拌炒均勻。
試吃看看，
如果太淡的話加鹽調味。
雞肉炒飯完成了。

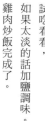

雞蛋打散，倒入牛奶。

平底鍋燒熱，
加入奶油使其融化。

倒入一半的蛋液（1人份）。

用筷子迅速翻攪一下。
待蛋液周圍變白，
但中間還沒有全熟的時候，
鍋子離火。

將一半的雞肉炒飯（1人份）
鋪在半熟的蛋上。

將平底鍋移回火上，
從蛋皮的周圍翻起包住炒飯。

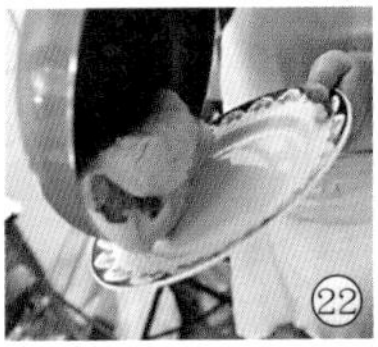

在平底鍋裡沒有完全包好也沒關係，
只要盛盤時看不見飯即可。
如果炒飯灑了出來，
可在盤子上進行修飾。

醬汁攪拌均勻後淋在蛋包飯上，
蛋包飯大功告成囉！

夏末的天婦羅

材料（4人份）

麵糊（＊1）
・雞蛋　2顆
・低筋麵粉　2杯（200克）
・冰　適量
・冷水　300cc（和雞蛋混合後約2杯的量）
＊1麵糊材料為雙份。所以先調製一半，分兩次製作。

油
・沙拉油　1公升
・芝麻油　200ml

配料
・明蝦　8隻
・鱚魚　4片
・玉米　1支
・蘆筍　4支
・地瓜　½條
・香菇　4朵
・蓮藕　約10公分長
・牛蒡　⅓支
・胡蘿蔔　½條
・洋蔥　⅓顆
・四季豆　6條
・生（或汆燙過）的櫻花蝦　30克

柴魚醬油（＊2）
・乾香菇　3朵
・高湯用昆布　10公分正方形
・水　800cc
・厚削柴魚片（或普通柴魚片）　30克
・醬油　6大匙
・味醂　6大匙
＊2柴魚醬油是沾細麵用，不過拿來沾天婦羅也很美味。如果要另外製作沾天婦羅的醬油，可以取柴魚片和高湯用昆布煮成的高湯350cc加上3大匙的淡味醬油和味醂熬煮即可。

炸蝦飯的醬汁
・酒　2大匙
・味醂　4大匙
・醬油　6大匙
・薄削柴魚片　5克（1包）

製作重點

夏日的尾端，是身體最容易感到疲憊煩悶的時候。
媽媽想吃點清爽的食物，
小孩子想吃重口味又有飽足感的東西，
爸爸想吃能夠配啤酒的小菜……
這次料理的情境設定就是這樣。
炸天婦羅的要訣，就是麵糊不要混合得太均勻。
麵粉和水完全混合之後，會產生黏稠的麵筋。
在油炸的過程中水份無法蒸發，麵糊就會變得黏黏糊糊。
至於蝦子劃數刀後按壓蝦背使蝦筋斷裂，
入油鍋炸得筆直不彎曲的訣竅，
是我從天婦羅專賣店的廚師那兒討教來的。
（飯島奈美）

做法

〈烹調前的準備〉

首先，開始製作柴魚醬油。
將乾香菇和高湯用昆布
浸泡在800cc的水中約1小時，
乾香菇泡軟之後取出。
在火上加熱，快煮沸時將昆布取出，
然後加入厚削柴魚片
和各6大匙的醬油、味醂，
以小火煮5分鐘。
撈起柴魚片，將之前泡開的
香菇切絲後放回鍋裡，
煮5分鐘，
再熄火置於一旁放涼。
另外還要準備炸蝦飯的醬汁。
將2大匙的酒和4大匙的味醂煮開，
使酒精蒸發掉，
再加入6大匙的醬油和柴魚片，
放涼之後過濾即可使用。

1

準備各種蔬菜。
先用菜刀刮下1排玉米粒，
其他的用手剝，放入容器中。

2

炸蔬菜餅用的胡蘿蔔切絲，
牛蒡削片，
洋蔥切成0.7公分的薄片，
全部放入容器中。

3

續入斜切的四季豆和生櫻花蝦。

4

蓮藕削皮後切圓片，泡過醋水後瀝乾。
地瓜切成1公分厚的圓片。
蘆筍切成2、3等分。
香菇去蒂頭後切花。
茄子去蒂頭後縱切4等分。

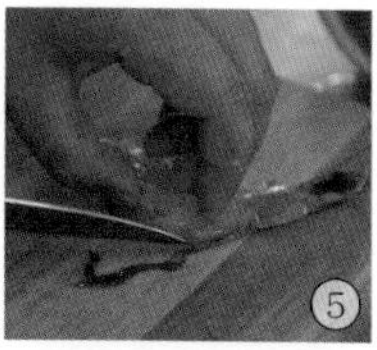

接下來是準備明蝦。
去掉蝦腳和蝦殼，背部切開挑除腸泥。
如果是生明蝦可以不必切開，
用竹籤挑除腸泥即可。

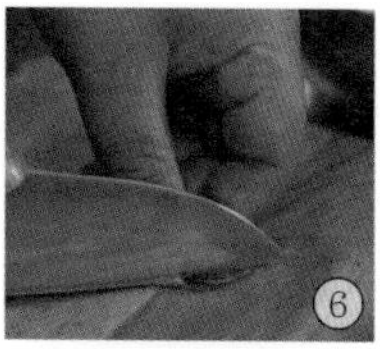

蝦尾斜切掉一點，讓尾端的水份流出，
入鍋炸時才不會油爆。

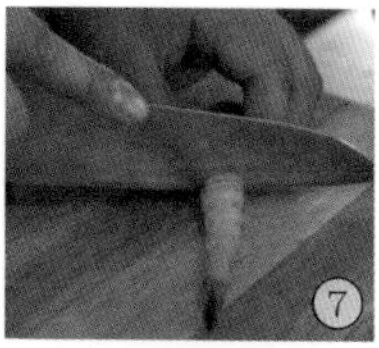

蝦腹約劃 3 刀左右，
每一刀都是 $1/3$ 的深度。

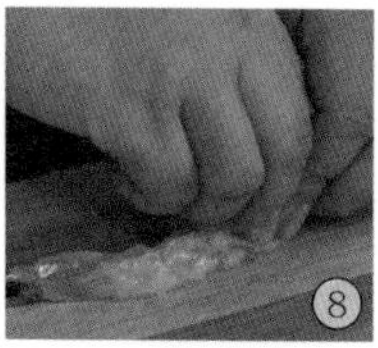

蝦腹朝上，以手指捏著蝦子壓在砧板上，
稍微輕壓拉直。
（油炸時明蝦才會筆直、不會捲起來。）

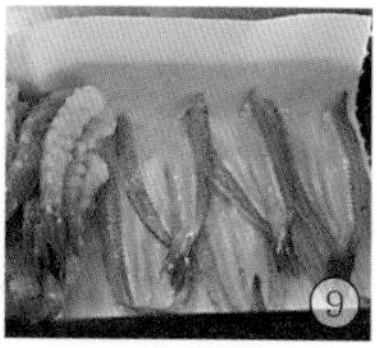

用廚房紙巾將水份吸乾。
（鱚魚是買炸天婦羅用，已攤開的魚片。）

麵糊製作一半的份量。
將 1 顆冷藏的雞蛋和冷水約 150 cc 混合，
總共約 1 杯的量。
兩樣材料都一定要冰冰涼涼。

將兩個容器疊在一起，中間隔冰塊冰鎮，
邊保持低溫邊攪拌。

加入 1 杯過篩後的低筋麵粉，
用筷子以切劃的方式混合攪拌。
（拌到有些呈現粉狀就停止。）
麵糊就完成了。如果麵糊的量不夠，
可以再調製另外一半。

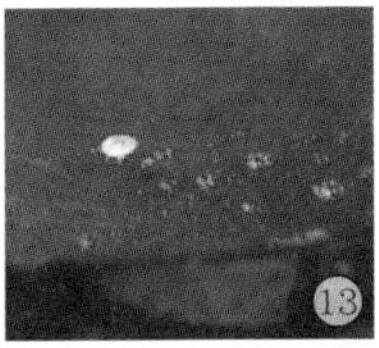

沙拉油和芝麻油混合，加熱到165℃。
試著滴入一點麵糊，
如果沈到鍋底停一下後往上浮起，
就代表超過165℃了。

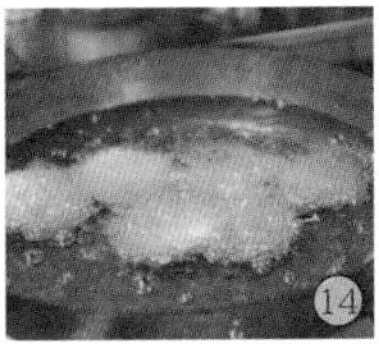

先從容易焦掉、甜度高的東西開始油炸。
首先是地瓜，裹上麵糊後輕輕放入油鍋。
火不要開太大，慢慢地炸。

溫度從170℃加熱到約175℃，
接著放入蓮藕、蘆筍、茄子和香菇炸。
每一樣食材都是直接裹上麵糊即可。

將炸好的蔬菜置於一旁，瀝乾油份。

玉米先裹上低筋麵粉（備料之外），
然後倒入麵糊混合均勻。
（麵糊如果變硬，可再加入一些水稀釋。）

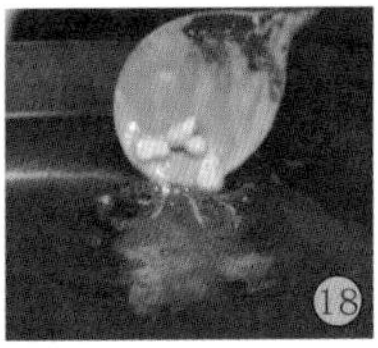

用杓子舀起玉米，滑入170℃的油鍋。
將火轉大，加熱至約175℃，
待玉米炸到表面凝固後翻面再炸一下。

炸蔬菜餅的材料裹上低筋麵粉，
倒入麵糊混合均勻。

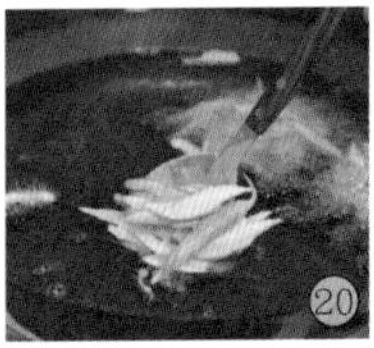

用杓子舀起，油炸方式同玉米餅。
火稍微轉大一些，食材凝固後翻面炸。
待炸出漂亮的顏色，瀝乾油份。

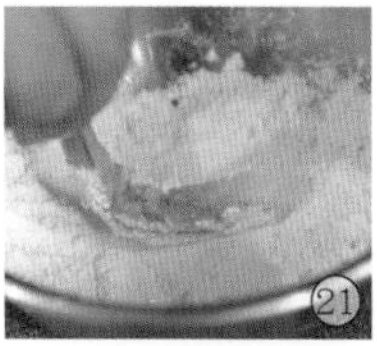

油溫加熱至175～180℃。
手拿明蝦尾，將明蝦肉裹上一層
薄薄的低筋麵粉（備料之外）。

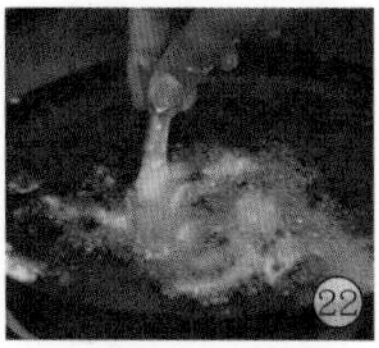

再直接裹上麵糊，放入油鍋中漂一漂。

這樣炸麵糊會變得比較蓬鬆，
看起也比較漂亮。

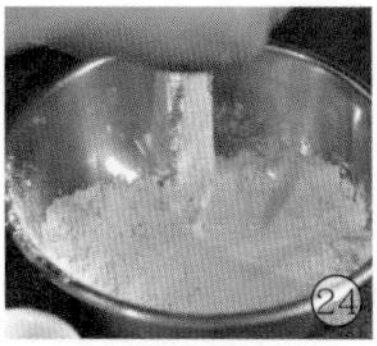

鱚魚也是先裹上低筋麵粉（備料之外），
然後裹上麵糊油炸。

這裡製作的柴魚醬油是沾細麵用，
但拿來沾天婦羅也很好吃。

也可另外製作醬汁做成「炸蝦飯」。
現在可以開動囉！

阿嬤的紅豆萩餅

材料（16～18個份）

紅豆泥

・紅豆 300克
・細砂糖 175克
・三溫糖（黃砂糖，味道較濃烈） 75克
・鹽 2小撮

麻糬

・糯米 約240克
・白米 約80克

製作重點

到了好久沒去的阿嬤家。
「你愛吃這個對吧？」阿嬤做了萩餅給我吃。
「沒錯沒錯，我就是想吃這個！」
抱持著這樣的心情與懷念感，呈現出這道點心。
大家可能覺得熬煮紅豆泥的困難度很高，
但是照著這裡提供的方法，不管是誰應該都可以煮得很好吃。
製作的訣竅，是煮第三次時要把湯汁倒掉。
另外，如果想保留紅豆泥的顆粒感，
得順著同一方向攪拌。
但如果喜歡滑順的口感，就可以從各種不同方向去攪拌。
（飯島奈美）

做法

紅豆用水洗淨。
接下來要煮3次。

第1次煮紅豆。
將紅豆放入鍋中，
加入600cc的水，以大火煮開。

煮沸之後立刻過篩，倒掉湯汁。

第2次煮紅豆。
將紅豆放入鍋中，
加入900cc的水，以中火煮開。

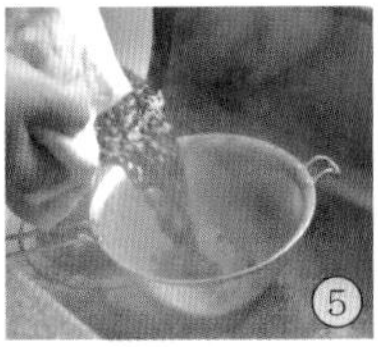

煮沸之後轉成小火再煮20分鐘，
一邊煮一邊漂去浮沫，
然後一樣過篩並倒掉湯汁。

第3次煮紅豆。
將鍋子洗淨，紅豆放入鍋中，
加入1,200cc的水，以中火煮開。

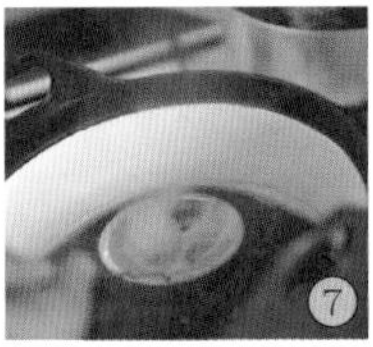

鍋蓋不須蓋太緊，
煮沸之後轉成小火再煮約1小時。
記得要不時掀起鍋蓋漂去浮沫。

待紅豆煮軟之後，
將鍋內湯汁倒至只稍微蓋過紅豆的高度。
分3次加入細砂糖和三溫糖並混合，
繼續以小火燉煮，
並用飯勺不時翻攪以免燒焦。

待湯汁變稠，加入2小撮鹽。

燉煮到用飯勺可舀起的稠度，
將紅豆泥盛盤放涼。

糯米和白米混合之後浸泡30分鐘，
炊煮成略硬的口感之後燜熟。

放入大碗中，
用研磨棒稍微搗碎，
置於一旁放涼。

將飯捏製成大小適中的圓桶型。

將紅豆泥放在手掌上，
放入飯糰沾裹紅豆泥。
如果紅豆泥太過濕潤黏稠，
可以放乾一點之後再將飯糰包入。

紅豆萩餅的守護者

糸井重里

這世上一定得存在的美食，認真說起來應該是沒有。

不管是哪種食物，都會有喜歡得不得了的人。為了他們，還是把這些食物留下來比較好吧！照我這樣的思考方式，現在世上所有的食物都能永遠存在，真是皆大歡喜。

不過，如果要我把想留下來的食物排個優先順序，就很傷腦筋了。因為我雖然希望所有的食物都能繼續存在，但真要列出完整的名單難免會有遺漏，「既然都沒想到的話，那就不用留了吧？」若是別人這麼說我也無可奈何。

「即使我沒想到，還是會有人想到啊！所以那些我沒想到的食物，也請不要抹煞它們的存在。」我衷心地懇求著。

但是，想要抹煞食物存在的惡魔，看著快要哭出來的我，這麼說了：「雖然別人有想到，但你沒有想到啊！那就表示對你來說是可有可無的東西吧！

你還是先解救你想吃的東西。要是連這樣都做不到，你也不用活下去了吧！」

「呀～～」我哎叫著。也許是吧，對別人來說非有不可的食物，搞不好我這一輩子都不會吃到。像炸蝗蟲或鴨胎蛋之類，沒了也沒關係吧……不對，既然我已經想到了，那就可以留下來了呀！還有白味噌的雜煮鍋，和我因為過敏不能吃的松葉蟹，這樣一列出來就不會被剔除了。我相信，咖哩、漢堡排、馬鈴薯燉肉、日式炸雞塊等料理，也一定會有人挺身而出保護他們。

我這個人、我的工作、還有我應該守護的食物究竟是什麼呢？

就在思考這件事時，我的腦海裡浮現了萩餅這個東西。在萩草的季節稱為萩餅，在牡丹花開的季節則被稱為牡丹餅的那種食物。

它的主要材料雖說是白米，但其實是糯米和平時所吃的梗米混合而成。既不能算是糯米，也不能說是梗米，萩餅在先天上就是一種定位不明的東西。

我認為，模糊曖昧的東西很難去保護。基本上人類比較會記得簡單明瞭、一句話就能定義的事物。不但不容易遺忘，更輕易產生好感。

萩餅的製作既用了糯米也用了梗米，根本就是雜拌兒。

而我，就是想保護這個雜拌兒。

但是，不是只有主要材料是雜拌兒而已。

萩餅究竟要算是正餐，還是點心呢？連這個都沒有定論。雖然同樣使用紅豆，但日式麻糬紅豆湯或豆沙湯就不能說是正餐，而被歸入點心類。即使加了再多能夠填飽肚子的麻糬，也不算是正餐。

可是啊，萩餅是甜甜圓圓的耶。不需要用筷子，直接用手拿就可以吃了。主食是白糯米和粳米，配菜是燉煮過的紅豆，這樣可以算是正餐了吧？不對不對，應該還是要算點心。如果味道不甜，然後用醬油或味噌來調味的話，是可以當成正餐。但萩餅用的是砂糖，整個味道是甜的耶。又來了，「到底是怎樣啊！」可能會有人這麼質問萩餅。萩餅一定會囁嚅著說不出話來吧！如果這樣解釋，就會被人用那樣來反擊。如果那樣說明，又會被人用這樣來指責。

等一下，萩餅，讓我來吧，不要再多回答什麼了。雖然我也沒自信能提出多厲害的言論，但正餐也好，點心也罷，也沒什麼不好。我會張開雙手，站在萩餅你和來襲的敵人中間，防守得滴水不漏。然後，我會這麼說：「這是我最重要的萩餅。管他是正餐還是點心，根本連想都沒想過。我只知道，這是我最重要的寶物。」光想到這個情景，萩餅，我都快流下淚來了。敵人呢，大概是對我們這種超越人類和食物圍籬的愛情覺得有些害怕，因而轉身離去。

不過，萩餅你啊，還有別的地方也是模糊曖昧的喔。也許連你自己都不知道，人們幫你取了個「半綿半粒」的別名。這麼說就知道了吧？萩餅是將糯米和粳米蒸好，放入研磨鉢裡搗製而成。不像麻糬或年糕，是用木臼和杵棒用力搗到完全沒有顆粒。

因為使用研磨？所以力氣不能太大。搗好的成品還能感覺到若有似無的米飯顆粒，也就是呈現「半綿半粒」的狀態。

又是定位不明，又是個雜拌兒。如果是習慣壁壘分明的人，八成會生氣吧！不過啊，萩餅，把你搗成這樣的是人類，又不是你自己願意的。你一點錯都沒有。

啊！不要跑來抱我啦！萩餅。

你會把我的衣服弄髒的。不過，我明白，這種心情我真的明白。就是因為在這個世界上，你存在的立場這麼艱難，才會這麼好吃。

萩餅，你放心，我會保護你。

運動會的飯糰

材料（4人份 7～9個）

飯——·米 約480克

調味料——·鹽（粗鹽）適量

海苔——·烤海苔 3片

配料——·柴魚片 3克
·醃梅子 大型1顆
·醬油 少許
·鹽鮭 適量
·鱈魚子 適量
或其他個人喜好的配料

製作重點

孩子的運動會裡，爸爸媽媽帶著便當，
大家在校園裡坐著一塊享用。
雖然裡面有炸雞塊、小熱狗、煎蛋卷等等好料，
但便當的主角應該還是這個「飯糰」吧！
飯糰最重要的就是趁著白飯還熱騰騰的時候，
趕緊用力捏個兩三次，
然後再輕輕整型就可以了。
這樣飯糰才不容易散開，
而且飯粒吃起來也不會感覺硬硬的。
飯糰中間包入了空氣，所以口感更加柔潤圓滿。
（飯島奈美）

做法

洗米後加水浸泡30分鐘，用漏盆將水份瀝乾後再放置20分鐘，使用鍋子炊煮。如果時間不夠，用溫水浸泡10分鐘也可以。

約160克的米（日本單位是1合）對水180cc新米的話含水比較多，所以水量可以減至約170cc。

蓋上鍋蓋，用比中火大一點的火加熱到煮沸。在沸水溢出鍋子之前，打開鍋蓋確認狀況。

煮沸之後，以極小火再煮12分鐘，改大火煮30秒後熄火，再燜10分鐘，然後翻攪均勻。

煮飯時可以準備燒烤鮭魚和鱈魚子。鱈魚子放在鋁箔紙上燒烤，避免薄皮烤破。

將鱈魚子切成易入口的大小。燒烤的熟度則可依個人喜好來調整。這裡使用的是新鮮鱈魚子，烤成表面酥脆，中間尚生的狀態。

鮭魚中間也要烤熟，仔細去皮去骨，整片剝開。

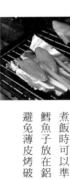

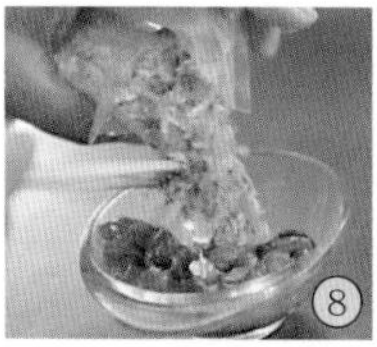

將梅子去核，和薄削柴魚片混合，
加上一點點醬油。

攪拌均匀後，
「梅子柴魚片」就完成囉！

烤海苔縱折成3等分撕開。
如果不好撕，
可以用菜刀或剪刀分成3等分。

將飯盛入碗中。
現在直接用手捏製還太燙，
只先抓一個飯糰的飯量即可，
然後在中間放入配料。

配料先用飯蓋住，
飯糰捏製好後配料才能包在中間。

雙手沾濕，
取粗鹽在掌心搓揉使其融化。

用手捏製飯糰時，
得忍耐燙手的感覺，
一開始先用力捏製2～3次。
「用力捏製」是成敗的關鍵。
之後就不須太用力，以免飯糰變得過硬。

將飯糰輕輕整型，
最後用烤海苔包住就完成了。

大人的味噌鯖魚

材料（4人份）

食材

・鯖魚 1尾（500克），切成4片。
・牛蒡 1/2支

煮汁

・昆布高湯（*） 320cc
・酒 80cc
・味噌 個人喜好的味噌2種共3大匙
・砂糖 2 1/2大匙
・味醂 1大匙
・醬油 1小匙
・醋 1小匙
・薑片 4片
・蒜頭 1片

提味

・薑絲 適量

*將10公分正方形熬湯用昆布浸泡在500cc的水中30分鐘，以小火燉煮，快煮沸時取出昆布。也可將昆布泡水2小時。取320cc使用即可。

製作重點

說到小孩子的時候很不喜愛，
但長大之後突然覺得「好好吃喔！」的料理，
味噌鯖魚就是其中之一。
和「紅豆萩餅」剛好相反，
是一離開阿嬤家就會有點記不住，帶著點魚腥的大人口味。
烹調中會熄一次火讓味道滲入，
但因食用時會沾取很多煮汁，
所以魚肉本身採用清爽的調味。
這裡使用的是一尾500克的鯖魚，
但每尾鯖魚切塊之後的大小不一，大家可依魚塊大小，
調整煮汁的份量。
（飯島奈美）

做法

牛蒡切成5公分一段，
再對半縱切，用水浸泡。

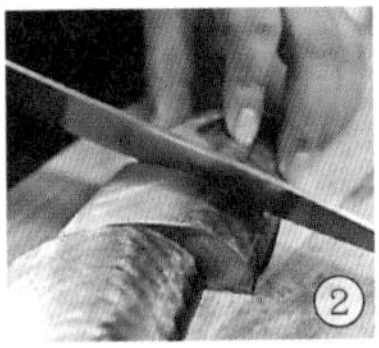

鯖魚切半後，1塊再片成兩半，
每塊魚皮的部份用菜刀劃出×字。

進行汆燙。
過熱水後再用冷水沖洗。

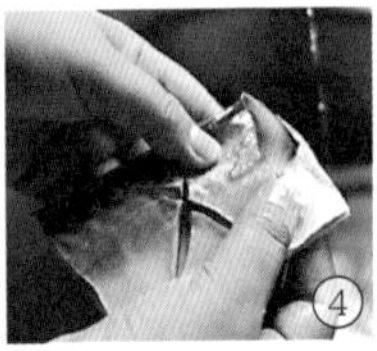

如果是魚舖買的鯖魚，大都已經去鱗了。
不過為了以防萬一，
還是檢查一下是否有未清除的鱗片。

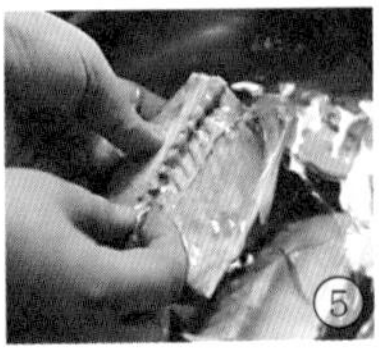

將魚肉上的血塊和髒污去除乾淨。

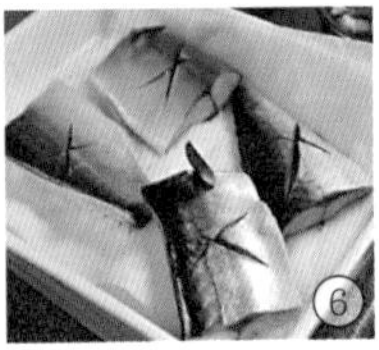

放在廚房紙巾上吸乾水氣。

將柴魚高湯，
倒入可以平放入4片鯖魚的平底鍋中，
開始加熱。

8 加入酒、醬油、薑片、拍碎的蒜頭和2 $\frac{1}{2}$ 大匙的砂糖。（剩餘的砂糖之後再加。）

9 煮沸之後，將鯖魚魚皮朝上放入鍋中。

10 再次煮沸後，漂去浮沫。

11 蓋上內蓋（或廚房用紙巾），轉成中火煮5分鐘。

12 另一鍋加入2種個人喜愛的味噌、味醂和剩餘的砂糖。味噌可以搭配使用不同米、麥等原料，或產地不同的口味來混合。

13 加入一些煮魚的煮汁將味噌調勻。

14 牛蒡瀝乾水份後放入鍋中。

15 加入 $\frac{2}{3}$ 份量調勻的味噌。

蓋上內蓋煮5分鐘。

加入剩餘$\frac{1}{3}$份量的味噌。

一邊燉煮，一邊均勻澆淋煮汁。

最後滴入醋後熄火。
放置一會兒待入味，
再稍微加熱後放上薑絲即可品嘗。

全家團圓的什錦炊飯

材料（4人份）

飯

・米　約480克
・高湯　510cc
・醬油　1/2大匙
・鹽　1小匙
・味醂　1/2大匙
・酒　2大匙

配料

・豆皮（薄片）　2片
・牛蒡　1/2支（70克）
・蒟蒻　1/3塊（60克）
・香菇、蘑菇等菇類　100克

製作重點

媽媽忙於工作，
爸爸平常就沒有一起吃晚餐，
不過一到週末，全家就可以悠閒地一起團聚吃飯了。
這是這道料理的情境設定。
目前為止，我吃過最好吃的是大阪某家店的什錦炊飯。
這次就是以那家店的炊飯為目標，
創造出我自己的炊飯食譜。
烹調的重點在於配料不是直接和白米一起炊煮，
而是另起一鍋煮，
再取剛煮好熱騰騰的高湯去炊飯。
要注意的是，白米不能在高湯中浸泡太久，
不然煮出來會半生不熟。
（飯島奈美）

做法

洗米後加水浸泡30分鐘，
用漏盆將水份瀝乾後再放置20分鐘。

蒟蒻仔細切碎。

蒟蒻入鍋汆燙，漂去浮沫。
以熱水燙過後瀝乾水份即可。

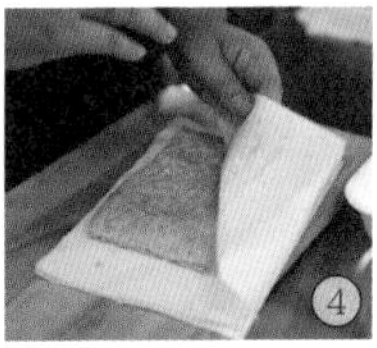

豆皮用廚房紙巾稍微吸掉油份。
（也可以省略熱水燙過去油。）

豆皮稍微攤開，
縱切成寬1公分左右的細條，
然後切碎。

準備將牛蒡刨絲。
牛蒡洗淨後，
用菜刀在表皮密密縱劃數刀。

然後像削鉛筆一樣將牛蒡刨成絲。
如果覺得太難，可以改用刨刀。

將牛蒡絲用水浸泡5分鐘。

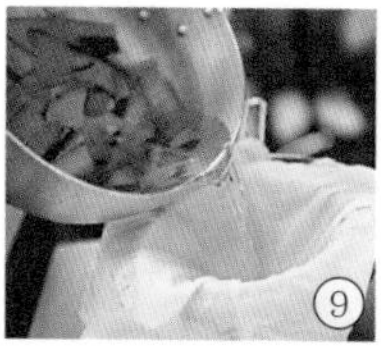

製作高湯。
這裡使用的是昆布和柴魚片煮成的濃味高湯。

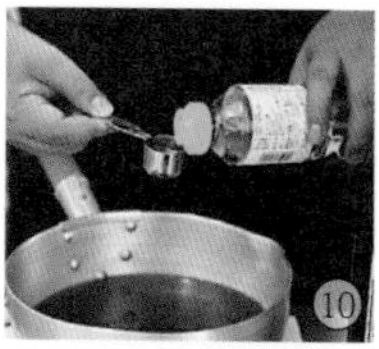

將510cc的高湯加入調製份量的醬油、鹽、酒、味醂中。
如果光使用醬油味道會太強，相對地牛蒡等配料的味道會過淡。

加熱煮沸後，續入牛蒡、豆皮和蒟蒻，再次煮沸。

使用網篩和容器，將配料和煮汁分離。
煮汁還要使用，記得不要倒掉喔！

蘑菇用手剝成易入口的大小。

香菇傘部切成易入口的大小。

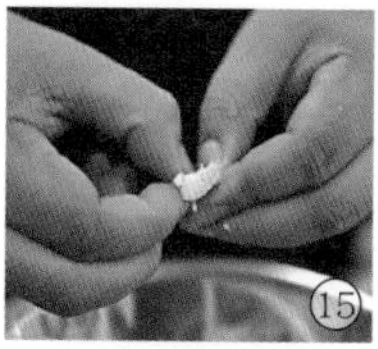

切去蒂頭的前端，其餘部分用手撕成條狀。

將瀝乾水份的米放入飯鍋，
煮汁趁熱倒入，
煮出來的飯才不會黏鍋。

放入配料和菇類。

按下煮飯鍵開始煮。
煮好之後，可以搭配配菜一起品嘗。

廚房小幫手的高麗菜卷

材料（4人份　8個）

高麗菜卷

- 高麗菜葉　16～18片
- 豬絞肉　300克
- 洋蔥　½顆
- 雞蛋　1顆
- 生麵包粉　15克（乾燥麵包粉的話約12克）
- 牛奶　1大匙
- 鹽　⅔小匙
- 黑胡椒　少許
- 奶油　1大匙
- 肉豈蔻　少許

燉煮用高湯

- 雞翅膀　4隻
- 水　1公升
（雞翅膀、水：也可使用1公升的雞湯）
- 鹽　約2小匙
- 蕃茄罐頭（切塊）　1罐
- 月桂葉　2～3片
- 胡蘿蔔　1條

製作重點

情境的設定是女兒到了開始對料理有興趣的年紀，
於是媽媽一邊教，
一邊帶著她一起烹調料理。
這道料理需要處理的手續很多，
但這也是料理教學的樂趣之一呀！
烹調時最重要的，是高麗菜葉得使用大小兩片重疊包覆，
並從葉尖，而非葉梗的地方捲過來。
這樣不僅能全部煮軟，
牙籤也比較容易插進去。
還有，拿來煮高湯的雞翅膀其實也很美味喔！
（飯島奈美）

做法

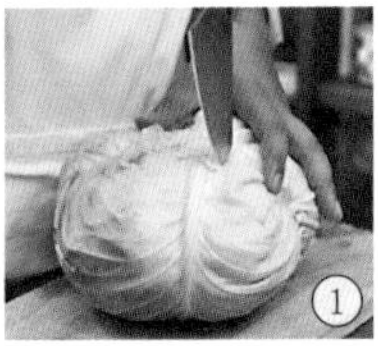

① 高麗菜芯朝上，從旁邊向中心斜切進去，沿著芯的周圍挖出圓錐狀的菜芯。

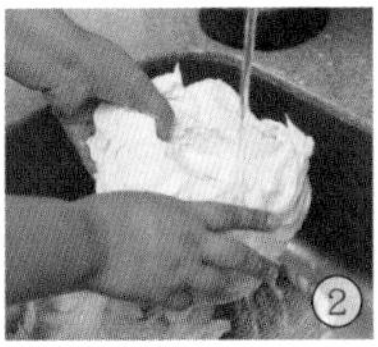

② 用水龍頭沖洗取出菜芯後的凹洞，藉由沖水的力量，能完整無破損地剝下一片一片的高麗菜葉。

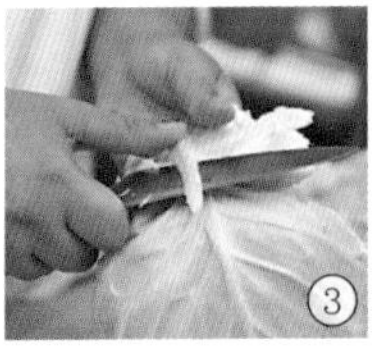

③ 菜梗太粗厚比較不好捲，所以試著削薄一些。（也可以煮軟之後再削薄。）

④ 炒鍋或平底鍋裝滿水，一次放入數片，煮到菜葉完全軟化。

⑤ 用冷水浸泡使其降溫。

⑥ 洋蔥切碎。

⑦ 絞肉加入 $\frac{2}{3}$ 小匙的鹽和黑胡椒。

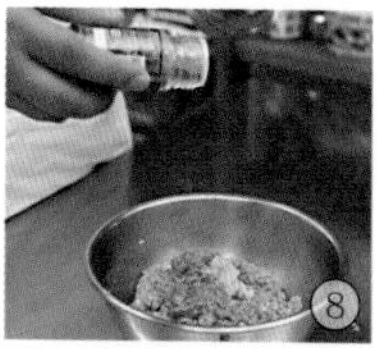

撒上肉荳蔻。

加入泡了牛奶的麵包粉。

加入雞蛋和洋蔥。

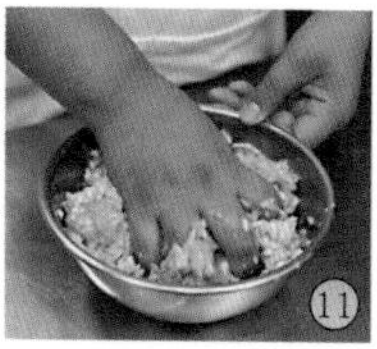

揉捏混合均勻。

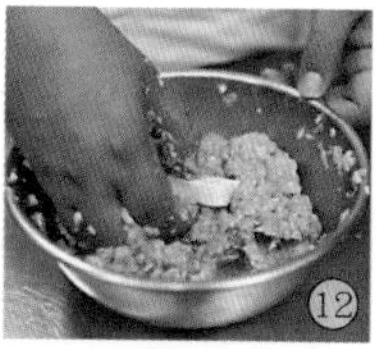

加入在室溫下融化的奶油，再仔細揉捏混合。

分成8等份。

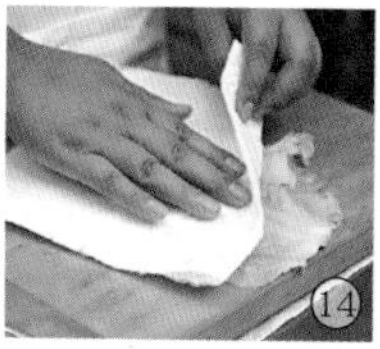

仔細擦乾高麗菜葉的水份。

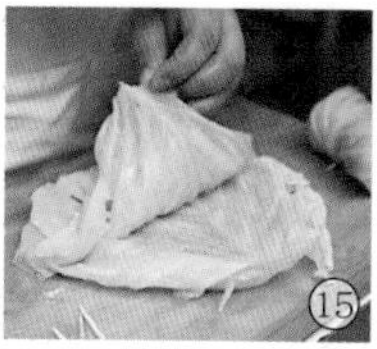

取1張大片菜葉配上1張小片菜葉，兩片重疊，小片菜葉邊緣靠自己身體端凸出約5公分。從燉煮高湯所需加的鹽中，取少許輕輕撒在兩片菜葉之間。

擺放時，菜葉朝向靠身體端，
菜梗朝向較遠的另一邊，
在菜葉這頭放上肉餡，開始包捲。
第一步先縱向
（順著高麗菜纖維的方向）捲1折。

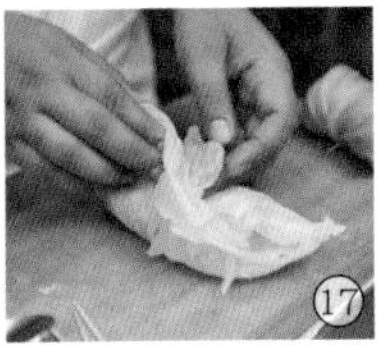

接著將左右兩邊向中間折入。

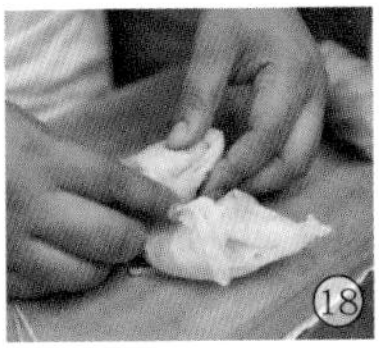

最後縱向捲至末端。

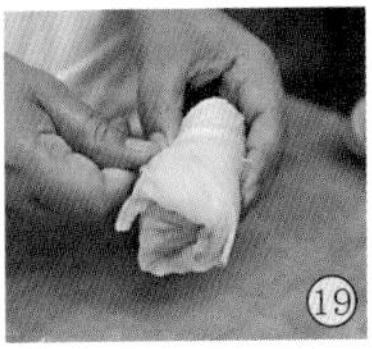

用牙籤從一邊的菜梗
穿到另一邊的菜梗固定，以免散開。

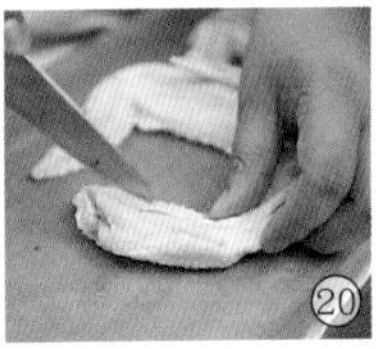

雞翅膀順著骨頭劃上幾刀。

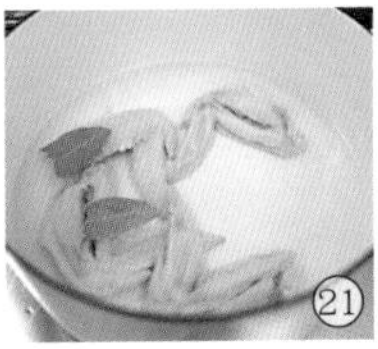

湯鍋放入水、雞翅膀、月桂葉
和1小匙的鹽，開火燉煮。
（雞翅膀和水也可以直接用雞湯代替。）

煮沸之後漂去浮沫，
加入蕃茄罐頭。

菜梗面朝下，
將高麗菜卷排入鍋中。

24 再次煮沸後轉成小火，先蓋上內蓋，再蓋上鍋蓋，燉煮約45分鐘使其入味。

25 45分鐘後，加入削皮後切成圓片的胡蘿蔔，蓋上內蓋（鍋蓋不用蓋），然後再煮15～20分鐘。

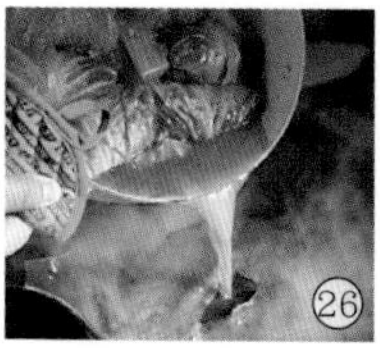

26 將高湯倒入平底鍋。高麗菜卷和胡蘿蔔則留在湯鍋內保溫。

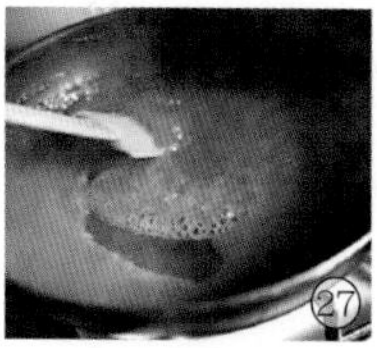

27 高湯熬煮8～10分鐘，變得濃稠後試吃看看，再酌量加鹽調味。醬汁完成了！

28 將高麗菜卷、胡蘿蔔片盛盤。

29 淋上醬汁，大家一起開動吧！

高麗菜卷

重松清

媽媽的味道就是高麗菜卷的味道——每次我一這麼說，大家，尤其是年輕人，便會訝異地說：「高麗菜卷那麼久以前就有了喔？」「重松先生家真是洋派啊！」

不好意思喔。一九六〇年代初出生，在一九七〇年代處於「食慾旺盛成長期」的日本人，吃的東西並沒有那麼粗糙簡陋。媽媽的味道也不是只有煮芋頭或炒牛蒡這類料理而已。

當然，肉塊或里肌肉片還是屬於奢侈品。鯨魚肉、雞肉或豬肉就還好，但若是牛肉的話，老媽就會自豪地特別強調肉品名稱：「今天晚上吃牛肉什錦燒喔！」再上一代的人可能會說：「今天晚上吃肉喔！」就很豐盛了，而我們卻還知道有各種不同肉類的分別，可見日本人的生活是越來越富足好過了。

我們這些人——或至少對我們家來說，絞肉料理可算是無上的美味。蛋包飯、可樂餅、漢堡排、煎餃……即使絞肉碎得不得了，馬鈴薯末和洋蔥末多得不得了，那還是肉沒錯。小孩子最喜歡吃肉了。

我以前最愛的就是高麗菜卷，現在也一樣喜歡。肉汁的香味，加上有些柔嫩的口感，雖然是很普通的料理，但老媽煮的高麗菜卷就是這麼好吃。有點偏硬的高麗菜梗很有嚼勁，小口吸吮著絞肉溢出的湯汁，更是美味。

說起來，不管是高麗菜卷還是漢堡排，這些絞肉料理多半都要經過捏製肉糰的步驟。主要是老媽負責捏製肉糰，有時候我和妹妹也會幫忙。即使是邊做邊玩，還是可以深切地感受到將黏答答的絞肉揉捏整型成肉糰，和玩泥巴或黏土的確不一樣。而且老媽還會對我們說：「捏得很好喔！」「謝謝你們幫忙啊！」聽到這些話，感覺瞬間自己好像長大了一樣。而晚餐的高麗菜卷也因此更添一層美味。

我們家一點也不富有，忙於兼職的老媽也沒辦法臉上一直掛著溫柔的笑容。小時候最煩惱的就是口吃這件事，所以對於童年的回憶，幾乎每件事都或多或少跟話講不好的悔恨、焦慮、羞恥相關，大部份都是不願憶起的事情或場景。

即使如此，和老媽一起在廚房捏製絞肉糰的畫面，雖然想不起任何和老媽之間的對話，啊，不對，就是因為想不起來，才更感受到其中難以言喻的幸福。這份情感一直珍藏在我的內心深處。

離開父母搬到東京已經將近三十年了，這幾年來沒在老家過夜半次。每次都是因為工作的關係順便回去，待個一小時左右，心酸地看著雙親逐漸老去的臉龐，然後踏上歸途。

就算這樣，我什麼都不用說，老媽就會煮好高麗菜卷等我回來。兒子我都四十好幾了，但愛操心的老媽還是會細細詢問工作和健康情況，而看到我一個接一個地吃著高麗菜卷，更是浮現了打從心底開心的笑容。

雖然已經年紀老大，還是可以一口氣吃掉四、五個菜卷。並不是我的胃口變大了，而是老媽自己一個人捏製的絞肉糰比以前要小上一兩號。

「媽，讓我看看你的手。」

我有一次這麼對她說。

媽讓我看了。七十幾歲的老媽的手掌，變得又小又薄。

我不可以哭。淚意浮現也只有那麼短短一瞬間，我趕緊往自己嘴裡再塞一個高麗菜卷。

「媽做的高麗菜卷，好像飯糰的咧。」

一聽到我那不會在東京使用的家鄉腔調，老媽不禁失笑。

包在高麗菜葉裡的絞肉糰滲出的不只是肉汁而已。心裡雪亮明白的我，從高麗菜梗那頭細細咀嚼起來。

「媽，這個……」

有時候會吃到固定高麗菜葉的牙籤，亂危險一把的。

「裝盤的時候如果不拿掉的話，會刺到嘴巴的耶。」

我像個任性的小孩般脫口就是抱怨。但這時老媽依舊是開心地笑著說：「哎呀，對不起哪，不好意思喔。」

回東京的新幹線發車時間快到了。

我又硬塞了一個菜卷下去。

老媽也察覺我回東京的時間快到了，於是又一臉擔心地再次反覆詢問我工作和健康的情況。

「工作還順利嗎？」

「嗯，沒問題沒問題。」

「沒給人添麻煩吧？」

「不要擔心啦。」

「現在很不景氣啊……」

「做我這行的跟不景氣沒關係啦！媽，你不用擔心那麼多啦！」

嘴裡塞著最後一個高麗菜卷的近況報告，結果總是變成：我已經成為比實際上還要知名暢銷、威風凜凜的大文豪大作家了啦！

趁熱享用的豬肉蔬菜味噌湯

材料（4～5湯碗）

食材

- 豬五花肉塊　250克
- 白蘿蔔　1/4條（約200克）
- 胡蘿蔔　1/2條
- 香菇　4朵
- 牛蒡　1/2支
- 蒟蒻　小片1片
- 芋頭　3顆
- 木綿豆腐　1/2塊
- 長蔥　1/2支

湯汁和調味料

- 熬湯用的昆布（10公分正方形1片）＋水　1.2公升
- 芝麻油　1大匙
- 醬油　1小匙
- 味噌　4～5大匙（依含鹽量而定）
- 味醂　1小匙
- 酒　2大匙
- 七味辣椒粉　少許

製作重點

假日時間晚晚的上午，家人全都出門去了，
只剩爸爸一個人自己加熱豬肉蔬菜味噌湯來吃。
還好媽媽當初是用「重新加熱依舊好喝」的方式煮湯。
要訣在於豬五花要切成有嚼勁（可以當成小菜）的厚度，
以及蒟蒻和木綿豆腐要剝成小塊才容易入味。
至於味噌方面，會因為米麥等原料品種不同，
或使用了非當地所產的遠地食材，
造成口味上的差異。
可以選擇自己喜歡的幾種口味混合使用，
更能喝出湯頭深層的美味。
（飯島奈美）

做法

先將昆布浸泡在水中。

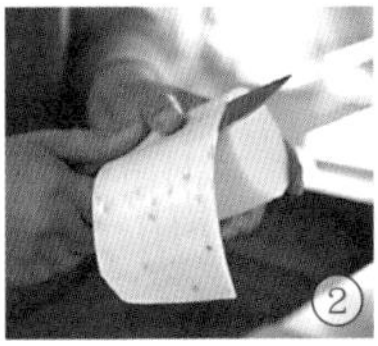

白蘿蔔去皮。
如果覺得太硬的外皮無損美味，
也可以選擇不削皮。

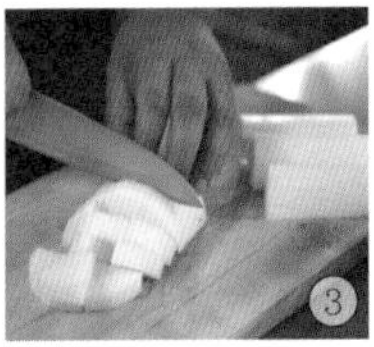

白蘿蔔縱切成6等份，
然後片成0.7公分厚的扇形。

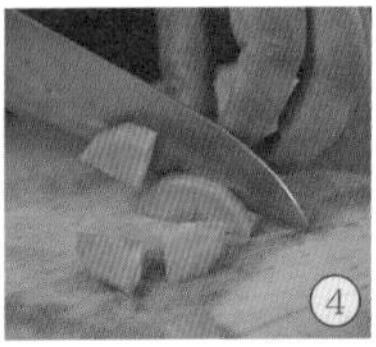

胡蘿蔔去皮，
切成和白蘿蔔一樣大小的扇形。

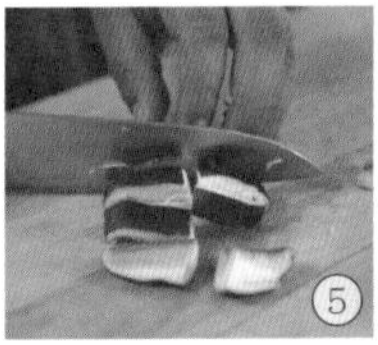

香菇摘去蒂頭，
傘部切成8～10等份。
摘去的蒂頭切除沾了土的部份，
用手撕成條狀。

牛蒡洗淨。
洗不掉的汙漬可以用刀背刮除。

牛蒡斜切成厚片，浸泡在水中。

排出木綿豆腐水份。
先取出豆腐後置於盤中，
蓋上廚房紙巾，
外盒裝水後置於豆腐上即可。

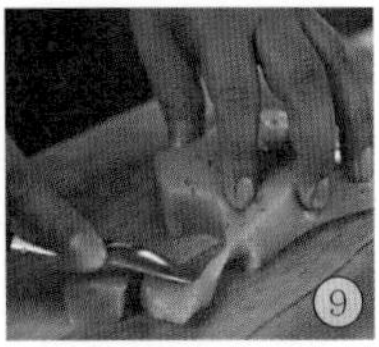

蒟蒻用湯匙分成易入口的小塊。

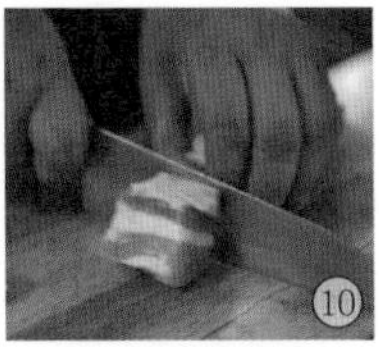

入刀方向和肉的纖維垂直，
將豬五花肉塊切成0.5公分的厚度。

湯鍋裝水煮沸，
放入切好的豬五花肉。

熱鍋中水煮15秒，
待表面變白後用漏杓撈起。

同一鍋水再放入牛蒡和蒟蒻，
一起水煮2～3分鐘，
再用漏杓撈起浸泡於冷水中。

空鍋內加入芝麻油，
放入白蘿蔔、胡蘿蔔、
瀝乾水份的牛蒡和蒟蒻，
用中火翻炒2～3分鐘。

倒入2大匙的酒，
蓋上鍋蓋，以小火蒸煮3～4分鐘。

將豆腐的水瀝乾。

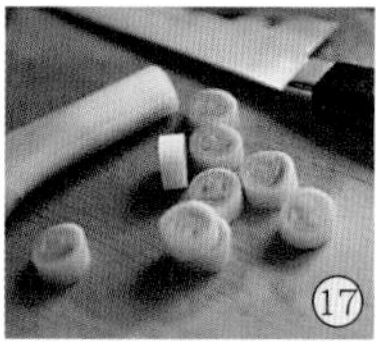

長蔥切成0.7公分長的小段。

豬肉放入鍋中，
續入昆布和浸泡昆布的水、香菇，
以大火加熱。

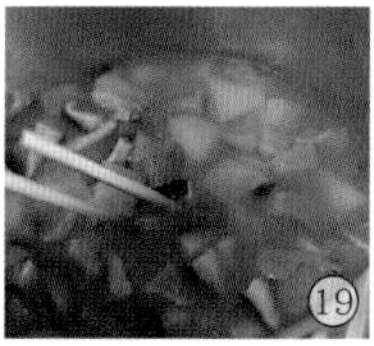

快煮沸時先取出昆布，
煮沸後漂去浮沫。
加入一半的味噌，
以小火燉煮10～13分鐘。

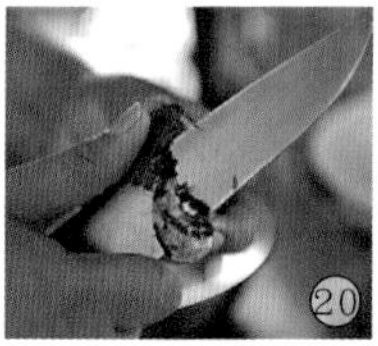

芋頭削皮切成一口大小，
放入鍋中。

豆腐用手剝塊後也放入鍋中，
以小火燉煮約10分鐘。

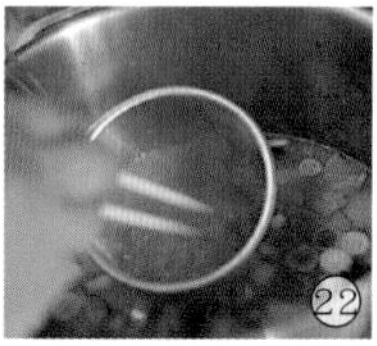

加入蔥、剩下的味噌、醬油和味醂再煮，
快煮沸前熄火就完成囉！
放涼後味道會更融合，重新加熱，
撒一些七味辣椒粉或芝麻油就更美味。

宵夜的焗烤通心麵

材料（4人份）

食材

- 通心麵　1包（150克）
- 雞腿肉　300克
- 鹽　熱水1公升加1小匙＋調味用1/2小匙
- 洋蔥　1/2顆
- 洋菇　5朵
- 水煮蛋　2顆
- 奶油　1/2小匙
- 起司　適量

白醬

- 低筋麵粉　3大匙
- 奶油　3大匙
- 牛奶　600cc
- 鹽　少於1小匙
- 白胡椒　適量

製作重點

這是為了大考迫在眉睫、
熬夜讀書的孩子所設計的宵夜。
富含鈣質又能補充熱量，
只要空出一隻手就能吃的，
就是這道熱騰騰的焗烤通心麵了。
這裡雖然使用的是雞腿肉和通心麵，
但是雞肉也可以改用蝦子或鮭魚。
如果把通心麵改成馬鈴薯，食材可以使用培根或鱈魚等等，
依喜好增添食材，更有無限變化。
另外，如果擔心卡路里太高，奶油可以減量，
鮮奶也可以使用低脂牛奶代替。
（飯島奈美）

做法

洋蔥切成0.5公分的細條。

洋菇切成0.5公分的薄片。

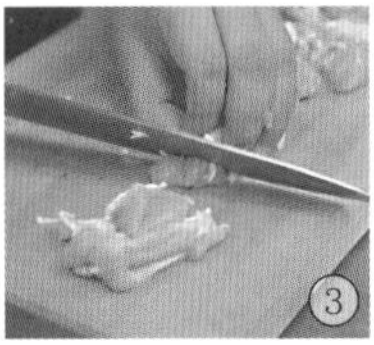

剔除雞腿肉多餘的脂肪和血塊，太厚的地方切薄。入刀方向和肉的纖維垂直，切成一口大小的薄片。

通心麵放入1公升的滾水鍋中，加入1小匙的鹽，比包裝說明的標準煮食時間少煮1分鐘。

煮麵其間可以製作白醬。另起一鍋，燒熱後放入奶油使其融化。再拿一個鍋子，或使用微波爐，將牛奶加熱到和人體溫度相同。

奶油融化後，加入低筋麵粉。

以小火拌炒均勻2～3分鐘。

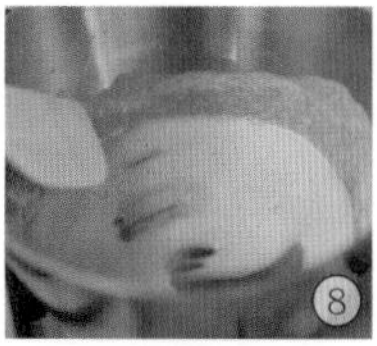

直到整體都變成細緻的泡沫。

將加熱完成的牛奶一口氣全部倒入，不斷攪拌混合，以小火燉煮7～8分鐘。

加入少於1小匙的鹽（控制份量）和白胡椒，攪拌混合後熄火。

雞腿肉均勻撒上½小匙的鹽。平底鍋燒熱，加入½小匙的奶油，雞皮朝下放入鍋中，以比中火稍弱的火煎3～4分鐘。

雞肉翻面後，上面放上洋蔥和洋菇。

蓋上鍋蓋，加熱2～3分鐘。

打開鍋蓋，搖動平底鍋，翻炒配料讓水氣逸散，熄火。

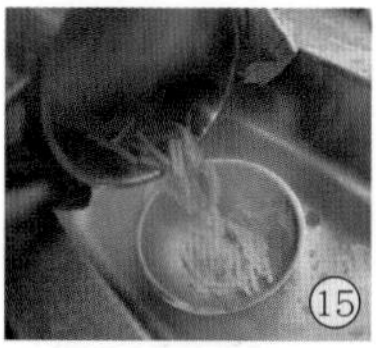

少煮1分鐘的通心麵，用篩網撈起瀝乾水份。

白醬加入平底鍋中，
續入通心麵後攪拌混合。
這裡可以不用開火。

加入鹽和白胡椒調味，記得試嘗味道。

焗烤盤塗上奶油。

放入拌好的材料。

放上切成圓片的水煮蛋。

撒上起司。

放入預熱至220℃的烤箱，
烘烤13～15分鐘。

待起司融化，
表面烤至酥脆且呈淡棕色後，
就大功告成囉！

忙碌時刻的親子雞肉蓋飯

材料（4人份）

食材

- 雞腿肉 320克
- 洋蔥 1顆
- 雞蛋 6顆
- 鴨兒芹（山芹菜） 適量
- 醬油（醃漬用） 1/2大匙

醬汁

- 昆布高湯（*） 230cc
- 醬油 3 1/2大匙
- 酒 3大匙
- 砂糖 2大匙

飯

- 煮好的飯 4大碗

*熬湯用的昆布10公分正方形浸泡在500cc的水中30分鐘，以小火燉煮，快煮沸時取出昆布。也可將昆布泡水2小時。取230cc使用即可。

製作重點

大掃除、重新佈置、搬家。
這種時候家裡總是忙成一團。
於是設計出這道可以快快吃完又很美味的午餐。
由於無法長時間燉煮，為了能夠入味，
雞肉必須事先用醬油醃漬。
另外，雞蛋要分兩次入鍋。
第一次加入的蛋汁可以吃到全熟蛋的美味。
第二次加入的蛋汁可以吃到半熟蛋的美味。
兩種味道一次大滿足。
打蛋的時候，不要混合得過於均勻，
才能嘗到蛋白和蛋黃不同的口感！
（飯島奈美）

做法

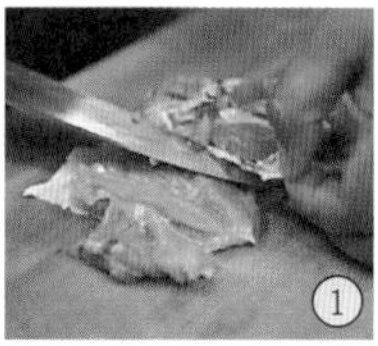

雞肉先做處理。過厚的部份片薄展開，剔除多餘的脂肪和血塊。

首先，順著肉纖維的方向切條。

接著，入刀方向和肉纖維垂直，切成易入口的大小，然後放在容器中。

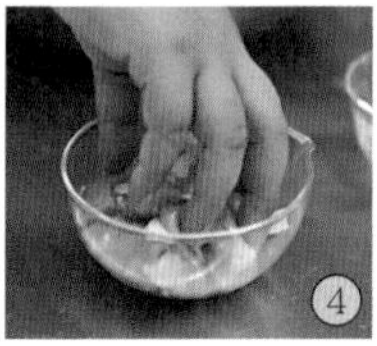

雞肉用 1/2 大匙的醬油醃漬。

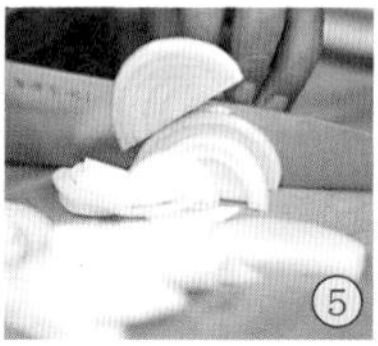

洋蔥切片。

製作醬汁。將昆布高湯倒入淺口鍋或平底鍋內。如果想一次做數人份，使用平底鍋比較方便。

加入 3 1/2 大匙的醬油、酒和砂糖，加熱開始煮。

將蛋打破。
蛋白和蛋黃不要混合得太均勻。

醬汁煮沸後，加入雞肉。

放入洋蔥。

蓋上鍋蓋，
以中火煮2～3分鐘。

雞肉煮熟後，轉成大火，
先加入6成的蛋液，
蓋上鍋蓋。

待20～30秒雞蛋煮熟後，
再淋上剩下的蛋液，蓋上鍋蓋。

10秒後熄火。

將配料盛入一旁已經裝好白飯的碗中，
撒上切成容易入口大小的鴨兒芹。
依個人喜好撒入七味辣椒粉等調味料，
就可以開動囉！

LIFE 家庭味 一般的日子裡也值得慶祝！的料理

作者　飯島奈美
攝影　大江弘之
翻譯　徐曉珮
完稿　梅亞力
編輯　彭文怡
校對　連玉瑩
行銷　洪仔青
企劃統籌　李橘
總編輯　莫少閒
出版者　朱雀文化事業有限公司
地址　台北市基隆路二段13-1號3樓
電話　02-2345-3868
傳真　02-2345-3828
劃撥帳號　19234566朱雀文化事業有限公司
e-mail　redbook@ms26.hinet.net
網址　http://redbook.com.tw
總經銷　成陽出版股份有限公司
ISBN　978-986-6780-91-2
初版一刷　2011.05
定價　320元 / 港幣 HK$88元

港澳地區授權出版：Forms Kitchen Publishing Co.
地址：香港筲箕灣耀興道3號東匯廣場9樓
電話：(852) 2976-6577
傳真：(852) 2597-4003
網址：http://www.formspub.com
　　http://www.facebook.com/formspub
電郵：marketing@formspub.com

港澳地區代理發行：香港聯合書刊物流有限公司
地址：香港新界大埔汀麗路36號
　　中華商務印刷大廈3字樓
電話：(852) 2150-2100
傳真：(852) 2407-3062
電郵：info@suplogistics.com.hk
ISBN：978-988-8103-39-3
出版日期：二零一一年五月第一次印刷

國家圖書館出版品預行編目

預行編目
LIFE 家庭味：一般的日子裡也值得慶祝！的料理／飯島奈美著；徐曉珮翻譯．
---- 初版 ---- 台北市：朱雀文化，2011.05
面；公分 .---- (LifeStyle；024)
ISBN978-986-6780-91-2
1. 食譜
427.1　　100005844

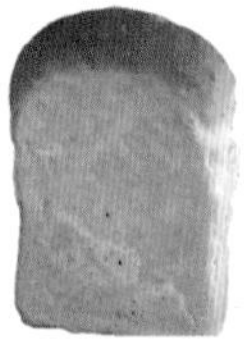

IIJIMA Nami's homemade taste

LIFE

IIJIMA Nami's homemade taste

LIFE